大学生责任文化素质教育系列教材

总主编　王孝坤

大学生公共责任文化素质养成

主　编　王孝坤　沈海东　孙　琪

ZHEJIANG UNIVERSITY PRESS
浙江大学出版社

图书在版编目(CIP)数据

大学生公共责任文化素质养成 / 王孝坤等主编．—
杭州：浙江大学出版社，2012.8
ISBN 978-7-308-10288-9

Ⅰ.①大… Ⅱ.①王… Ⅲ.①大学生—责任感—素质
教育 Ⅳ.①B822.9

中国版本图书馆 CIP 数据核字(2012)第 170492 号

大学生公共责任文化素质养成
王孝坤 沈海东 孙 琪 **主编**

责任编辑 杜希武
封面设计 续设计
出版发行 浙江大学出版社
(杭州市天目山路 148 号 邮政编码 310007)
(网址：http://www.zjupress.com)
排 版 浙江时代出版服务有限公司
印 刷 杭州杭新印务有限公司
开 本 787mm×1092mm 1/16
印 张 18.75
字 数 367 千
版 印 次 2012 年 8 月第 1 版 2012 年 8 月第 1 次印刷
书 号 ISBN 978-7-308-10288-9
定 价 36.00

浙江大学出版社发行部邮购电话 (0571)88925591

大学生责任文化素质教育系列教材
编审委员会

大学生责任文化素质教育系列教材：

《大学生公共责任文化素质养成》

《大学生职业责任文化素质养成》

《大学生责任文化素质养成资源手册》

致走进大学即将步入社会和职场的同学们

亲爱的同学们：

你们好！在你们走进大学，即将步入社会和企业，成为一名合格公民和企业员工的时候，咱们先一起参与和体验责任文化素质养成活动之旅"。我们先一起准备好再出发。

一、我们先认识什么是责任文化素质？歌德说责任就是对自己要求去做的事情有一种爱。顾炎武说天下兴亡，匹夫有责。梁启超说凡是我受过他好处的人，我对于他便有了责任。一个 11 岁的美国男孩在踢足球时，不小心将邻居家的玻璃打碎，邻居愤怒不已，向他索赔 12.5 美元。这 12.5 美元在当时可谓是天文数字，足够买下 125 只生蛋的母鸡了。男孩儿把闯祸的事告诉了父亲，并且忏悔。见儿子为难的样子，父亲拿出了 12.5 美元，说：这笔钱是我借给你的，一年后要分毫不差的还给我。男孩赔了钱之后，便开始艰苦地打工。终于，经过半年的努力，把这"天文数字"分毫不差地还给了父亲。这个男孩就是后来的美国总统罗纳德·里根。他还回忆说：通过自己的劳动来承担过失，使我懂得了到底什么是责任。

责任是一个人不得不做的事或一个人必须承当的事情，可以分为角色责任、能力责任、义务责任和原因责任。《组织责任文化建设》一书作者唐渊认为，所谓责任文化是人人都讲责任的文化，是在文化的基础上加入责任的成分，即是组织及其全体成员共同信奉并实践的以责任理念为核心的价值观。就高职学生而言，责任文化素质应包括两个方面，一是公共责任文化素质，即作为一个合格大学生和公民应有的责任文化素质，如生命责任、社会责任、集体责任、家庭责任、学习责任、同学责任、环境责任、校园责任、恋爱责任；二是职业责任文化素质，即作为职业人合格的员工应有的责任文化素质，如职业国家责任、职业社会责任、企业发展责任、客户责任、团队责任、职业道德责任等。

二、接着我们明确为什么要学习责任文化素质养成课程？就人的发展而言，责任感使人树立理想坚守信念，使人舍生取义诚实守信，使人一丝不苟精益求精，使人忠贞不渝矢志不移，使人威武不屈富贵不淫，使人成人成才成功成名，可以说，责任感是人发展的核心素质。就社会发展而言，国民需要负责任政府，国家需要负责任公民，公民需要负责任企业，企业需要负责任员工，可以说，责任感是社会和谐发展的根本动力。就企业而言，经济全球化和信息化，可以使优质产品和服务迅速惠及全球各地，把一个对社会高度负责的企业形象和优质品牌呈现给世界，而也可以使劣质产品和服务迅速危机全球各地，把一个经营多年的企业形象和优质品牌毁于一旦。在现代产业体系中，每一个零部件的和每一项服务的质量，都是人类、国家、民族责任文化素质的直接体现。目前我国社会责任现状十分堪忧，政治领域，滥用公共权力，服务意识淡薄；经济领域，生产短期化，经济利益至上，产品粗制滥造，假冒伪劣产品充斥市场；企业恶性竞争；文化领域，精品少，重复、剽窃、盗版侵权、制黄贩黄；道德领域，个人主义、拜金主义盛行；善恶美丑不分、以耻为荣；诚信成为社会稀缺资源 ；人际领域，与人交往功利、目的性浓厚，权钱交易，权色交易，权势交易盛行；环境领域，向自然界扩张索取，忽视环境保护，环境恶化，资源匮乏，生态失衡危及人类生存发展。

在全球经济一体化时代，文化软实力在国家民族凝聚力和国家发展中的作用日益突出；员工的责任文化素质成为现代企业发展的重要要素，员工需要依靠高度的责任感和创新精神去完成工作任务，在我们进行的毕业生就业与培养质量调查中，几乎所有行业企业都把学生的责任感、诚信品质、学习能力、创新意识放在专业能力和工作经验前面。职业院校在传承传统文化，弘扬先进工业文化，传播技术技能文化，建设文化强国，服务学生就业与职业发展中的作用日益凸显。在大学开设责任文化素质课程，是建立健全大学文化传承创新办学职能的需要，是落实《教育规划纲要》培养大学生社会责任感的举措，是促进职业院校学生就业与职业生涯持续发展的需要。

三、然后我们了解责任文化素质课程内容？我们这套教材分为三个分册，《大学生公共责任文化素质养成》，旨在培养合格大学生和公民应有的责任文化素质，包括生命责任、社会责任、集体责任、家庭责任、学习责任、同学责任、环境责任、校园责任、恋爱责任 9 个单元教学模块的责任文化素质教育；《大学生职业责任文化素质养成》旨在培养合格员工应有的责任文化素质，包括职业人类责任、职业国家责任、职业社会责任、职业企业责任、职业团队责任、职业岗位责任、职业安全责任、健康责任、职业创新责任 10 个单元教学模块的责任文化素质教育；《大学生责任文化素质养成学习资源》旨在为同学们提供责任文化素质教育学习路径、学习资源和学习管理体系。每个单元教学模块又分为责任文化素质认知、责任文化素质调研、责任文化素质反思、责任文化素质辩论、责任文化素质演讲、责任文化素质担当、责任文化素质活动策划、责任文化能力训练、责任文化素质角色演练、责任文化素质主题实践 10 个单元学习模块。

四、再接下来我们知晓如何学习职业素质核心能力课程？

1、在全面全员全程化责任文化素质教育制度平台上学习。学校将建立校院两级责任文化素质教育组织管理机构；建立党委领导校长负责，学生管理、教学管理和群团系统协同推进的组织实施制度；建立社会与职场化培养基地、在线学习资源平台、竞赛考核平台、论坛引导平台；设置责任文化素质教育学分学时，建立校内外兼职辅导员组织管理，班主任和学生骨干具体实施制度。

2、通过社会与职场角色化"四结合"培养模式学习。这个培养模式包学校人转向社会人培养目标、社会与职场情境化活动内容、社会与职场角色化学习方式；通过课堂训练与日常养成结合、专业教学渗透与职业实践应用结合、自主学习与考核认证结合、全面培养与竞赛激励结合的方式实施。

3、利用责任文化素质网络学习平台学习。本课程纸本教材属于责任文化素质学习与实践行动体验体系。学习与教学网络信息资源平台，提供责任文化学习与实践知识认知体系、技能训练体系、考核体评价系。本课程学习过程将以纸本教材为导引，以网络信息资源平台学习为支撑，构成课堂学习、校园学习、企业学习、社会学习与在线学习有机结合的立体化学习方式。

五、最后我们了解责任文化课程的学习安排。一年级公共责任文化素质教育，二年级职业责任文化素质教育，一个月安排一个单元，每周以主题班会形式安排一次；每两个月组织一次年级竞赛，一个学期组织一次系级竞赛。

参与是自主的，行动是有趣的，体验是快乐的，探究是感悟的，收获是喜悦的。让我们携手走进广阔的责任文化素质教育空间，在责任文化素质学习、探索、实践和创新中成人——成才——成长。

马上开始责任文化素质养成值得你们期待！一起出发吧。

责任文化素质教育课程教材编委会

2012年5月

目　录

第一单元

生命责任文化素质养成

课前寄语:生命泛指宇宙间所有物质和精神事物诞生和消亡的过程,也特指包括人在内的动植物孕育、生长和消亡的过程。生命对于每一个人来说只有一次,让宝贵有限的生命健康、安全、体面、有尊严、有价值,是每一个人一生不断思考的问题,是每一个人为之不懈努力的目标。要回答这个问题,实现这个目标,你首先需要做的是对自己、对家人、对每个人、对大自然中的每一个动植物的生命负责。我们一起参与、体验和实践生命责任文化素质教育吧!

养成活动一　了解养成任务项目

流程一　阅读下表了解本单元信息

<table>
<tr><td colspan="8">单元名称:生命责任文化素质养成</td></tr>
<tr><td>授课班级</td><td>略</td><td>上课时间</td><td>略</td><td>课时</td><td></td><td>上课地点</td><td>略</td></tr>
<tr><td rowspan="2">养成目标</td><td colspan="3">能力目标</td><td colspan="4">素养目标</td></tr>
<tr><td colspan="3">通过生命责任文化素质养成活动,培养珍爱生命、生命价值实现、生命健康、生命安全能力。</td><td colspan="4">通过生命责任文化素质养成活动,树立生命崇高意识,培养奉献精神。</td></tr>
<tr><td rowspan="2">养成项目与案例</td><td colspan="3">训练项目</td><td colspan="4">相关案例</td></tr>
<tr><td colspan="3">任务 1:生命责任文化素质活动策划
任务 2:生命责任文化素质调研
任务 3:生命责任文化素质认知
任务 4:生命责任文化素质反思
任务 5:生命责任担当
任务 6:生命责任文化素质辩论
任务 7:生命责任能力训练
任务 8:生命责任文化素质主题实践</td><td colspan="4">《生命责任文化素质活动策划书》
《生命责任文化素质调研报告》
《生命责任文化知识与案例手册》
《生命责任文化素质反思精选》
《生命责任能力训练手册》
《生命责任状》
《生命责任文化辩论赛策划书》
《生命责任文化素质主题实践活动报告》</td></tr>
</table>

续 表

基础能力要求	知识储备要求	基本技能要求
	1. 了解生命责任文化知识； 2. 了解生命责任行为方式； 3. 活动质量效果评价方法。	信息查询技能、团队合作、组织管理技能。
考核评价重点		考核评价难点
生命责任意识和能力		生命意识向生命责任能力迁移

说明：本表属于《单元学习信息》通用模板，同学们按照指导教师的安排，根据所属专业确定具体专业方向。

流程二 通过自学掌握本单元学习信息

学习路径提示：你是否理解上述学习信息，把不理解的疑问写出来，然后通过网上查询，向老师、同学求教，排除你的疑问。

养成活动二 素质养成团队组建

流程一 责任文化素质养成团队组建。

学习路径提示：

1. 全班同学自愿报名产生生命责任文化素质养成团队组长候选人。

2. 通过竞聘产生若干生命责任文化素质养成团队组长。

3. 项目组长与全班同学自由组合，按 6 人一组产生学习团队。

4. 项目组内通过协商、竞聘产生学习团队成员岗位角色，包括生命责任文化素质信息助理、生命责任文化素质传播助理、生命责任文化素质训练助理、生命责任文化素质评价助理、生命责任文化素质竞赛助理。

5. 项目组内通过协商，确定每个团队成员的岗位职能和职责。

流程二 填写下表

	团队名称			
团队结构	岗位	姓名	职业特长	本项目职责职能
	项目组长			活动策划主持
	信息助理			知识案例查询
	传播助理			辅助交流、辩论、讲评
	训练助理			辅助能力训练
	竞赛助理			辅助竞赛
	评价助理			辅助素质观测

流程三　上交生命责任文化素质养成团队组建表

学习路径提示：按上交表格先后和填写质量，讲评并确定团队组建成绩。

流程四　组长宣布生命责任文化素质养成团队组建结果

学习路径提示：按礼仪、表达讲评并确定团队组建成绩。

养成活动三　素质养成活动策划

流程一　生命责任文化素质养成创意策划

学习路径提示：

1. 填写下表，组建工作团队。

认知策划团队

团队名称				
岗位	姓名	职业特长	职责职能	工作任务
项目助理				
认知知识信息策划员				
方法知识信息策划员				
行动知识信息策划员				
文化知识信息策划员				
态度知识信息策划员				
文字编辑员				
美术编辑员				

反思策划团队

团队名称				
岗位	姓名	职业特长	职责职能	工作任务
项目组长				
认知反思策划				
行动反思策划				
态度反思策划				
价值反思策划				
文本撰写策划				
反思交流策划				
文本编辑策划				

担当策划团队

团队名称				
岗位	姓名	职业特长	职责职能	工作任务
项目组长				
责任目标策划 1				
责任目标策划 2				
责任要求策划 1				
责任要求策划 2				
责任状撰写策划				
责任状编辑策划				
责任担当仪式策划				

辩论策划团队

团队名称				
岗位	姓名	职业特长	职责职能	工作任务
项目组长				
论点策划				
论据策划				
论证策划				
活动策划				
分工策划				
策划书撰写策划				

训练策划团队

团队名称				
岗位	姓名	职业特长	职责职能	工作任务
项目组长				
珍爱生命训练策划				
人身安全训练策划				
饮食安全训练策划				
心理健康训练策划				
身体健康训练策划				
健美训练策划				
生命价值实现策划				

实践策划团队

团队名称				
岗位	姓名	职业特长	职责职能	工作任务
项目组长				
珍爱生命行动策划				
人身安全行动策划				
饮食安全行动策划				
心理健康行动策划				
身体健康行动策划				
健美行动策划				
生命价值实现行动策划				

2. 各团队讨论以下问题,撰写策划书。

(1)所选活动主题的含义是什么,包括哪些方面?

(2)为什么要组织这项活动,最终要达到什么目的?

(3)活动安排在什么时间,什么地点?

(4)活动分几个阶段、几个项目,每个项目有哪些任务?为什么这样设置?

(5)每个活动项目任务通过哪些途径完成?

(6)每项活动项目任务由谁负责?谁配合做哪些辅助工作?

(7)活动有哪些预期成果,谁负责撰写提供?

(8)活动需要配置哪些器材,谁负责准备?

3. 按策划书结构要求撰写策划书。

策划书题目:《×××团队生命责任文化素质实践活动策划方案》。

策划书结构:

(1)活动背景与活动意义。

(2)主题概念界定与目的。

(3)活动项目与任务定位。

(4)活动路径与方法选择。

(5)活动日程与具体安排。

(6)活动预期成果与责任。

流程二　策划书交流考核

学习路径提示:

1. 项目组长主持,在团队内部交流策划书,项目助理记录。

2. 根据讨论结果项目组长修改策划书。

3. 项目组长主持，两个团队交叉评价策划书，项目助理记录。

4. 组长说明评分标准，分解评分项目，将评分结果填写成绩表。

评分项目	分值	得分	等级	评语	评分人
活动目标任务明确性	10				
活动过程设计完整性	20				
活动项目任务落实性	20				
活动日程安排合理性	20				
活动路径设计得当性	10				
活动预期成果有创意	10				
文本语言运用水平	10				

养成活动四　生命责任素质调研

流程一　调研准备

学习路径提示：

1. 在珍爱生命、生命价值、生命健康、生命安全四个主题中任选一个，作为本团队调研主题。

2. 在本班级范围内，通过抽签确定两个团队互为调研对象。

3. 项目组长主持，回答下列问题讨论调研活动安排，项目组长记录。

(1)调研主题的含义是什么，包括哪些方面？

(2)为什么要调研这个主题，最终要达到什么目的？

(3)调研对象在什么时间，什么地点接受你的调研？

(4)调研分几个项目，每个项目有哪些调研任务？为什么这样设置？

(5)每个调研项目任务通过哪些途径调查？

(6)每个调研项目任务通过什么方法分析？

(7)每项调查项目任务由谁负责？谁配合做哪些辅助工作？

(8)调查获得的材料由谁来整理，谁负责分析？

(9)调研预期有哪些成果，谁负责撰写提供？

(10)调查问卷制作有哪些要求？谁负责制作？

(11)调查座谈提纲有哪些要求，谁负责拟写？

(12)调查器材需要配置哪些器材,谁负责准备?

(13)调查材料分析用什么统计分析方式?

(14)调查材料从哪些角度分析,用什么理论?

(15)每项调研项目任务的时间地点安排。

4. 项目组长整理讨论结果,撰写调研方案。

题目:《×××团队生命责任素质调研方案》。

结构:

(1)调研主题概念的界定。

(2)调研目的与意义阐释。

(3)调研项目与任务定位。

(4)调研路径与方法选择。

(5)调研活动日程与安排。

(6)调研预期成果与责任。

流程二　调查实操

学习路径提示:按调研方案安排,通过下列途径完成调查工作。

1. 图书文献调查。

2. 网络信息调查。

3. 现场观测调查。

4. 问卷发放调查。

5. 座谈讨论调查。

流程三　分析实操

学习路径提示:按调研方案安排,通过下列途径完成调查材料分析工作。

1. 调查材料甄别。

2. 调查材料分类。

3. 调查数据统计。

4. 调查材料定性。

5. 提出调研结论。

流程四　调研报告撰写

学习路径提示:

1. 题目:《×××团队生命责任文化素质调研报告》。

2. 结构:

(1)调研背景与意义。

(2)调研目标与任务。
(3)调研对象的选择。
(4)调研过程与方法。
(5)调查获得的材料。
(6)分析获得的认识。
(7)调研取得的结论。
(8)提出的有关建议。

流程五　团队合作报告撰写

学习路径提示：
1. 项目组长主持总结调研团队合作表现，每个成员发言，项目助理记录。
2. 总结的内容包括
(1)承担的项目任务与完成情况；
(2)完成项目任务的具体过程；
(3)完成项目任务的工作态度；
(4)完成项目任务的具体做法；
(5)与团队其他成员的配合如何？
(6)获得了哪些经验体会？
3. 项目组长根据团队成员发言，撰写《×××生命责任素质调研团队合作报告》。
结构：
(1)团队组建背景与目的。
(2)团队的工作目标任务。
(4)团队合作过程与方法。
(5)团队合作态度与表现。
(6)团队合作经验与体会。
(7)团队合作问题与建议。

流程六　调研成果交流考核

学习路径提示：

1. 项目组长主持，在团队内部讨论《×××团队生命责任素质调研报告》，项目助理记录。

2. 根据讨论结果项目组长修改《×××团队生命责任素质调研报告》。

3. 项目组长主持，两个团队交叉评价《×××团队生命责任素质调研报告》。项目助理记录。

4. 组长说明评分标准，分解评分项目，将评分结果填入成绩表。

评分项目	分值	得分	等级	评语	评分人
目标的明确性	10				
过程的完整性	20				
内容的充实性	20				
方法的得当性	20				
观点的正确性	10				
结论的正确性	10				
语言运用水平	10				

流程七　团队合作交流考核

学习路径提示：

1. 项目组长主持，团队内部讨论《×××团队生命责任素质调研团队合作报告》，项目助理记录。

2. 根据讨论结果项目组长修改《×××团队生命责任素质调研报告》。

3. 项目组长主持，两个团队交叉评价《×××团队生命责任素质调研报告》，项目助理记录。

4. 组长说明评分标准，分解评分项目，将评分结果填入成绩表。

评分项目	分值	得分	等级	评语	评分人
团队组建背景与目的	10				
团队的工作目标任务	20				
团队合作过程与方法	20				
团队合作态度与表现	20				
团队合作经验与体会	10				
团队合作问题与建议	10				

养成活动五　生命责任文化认知

流程一　生命责任文化信息搜索团队组建

学习路径提示：

1. 各养成团队信息助理按下表分工,确定团队成员项目任务。

流程二 职业人类责任文化信息搜索团队组建

学习路径提示:

1. 各养成团队信息助理按下表分工,确定团队成员项目任务。

团队名称				
岗位	姓名	职业特长	职责职能	工作任务
信息助理				
认知知识信息员				
方法知识信息员				
行动知识信息员				
文化知识信息员				
态度知识信息员				
文字编辑员				
美术编辑员				

2. 信息员按职责任务搜索生命责任文化信息。

3. 文字编辑、美工编辑编辑《生命责任文化信息手册》。

4.《生命责任文化信息手册》编辑提纲。

封面:主编、文字编辑、美术编辑,编者。

目录

前言

第一章　生命责任认知知识举要

　　第一节　珍爱生命责任认知知识

　　第二节　生命价值责任认知知识

　　第三节　生命健康责任认知知识

　　第四节　生命安全责任认知知识

第二章　生命责任方法知识举要

　　第一节　珍爱生命责任方法知识

　　第二节　生命价值责任方法知识

　　第三节　生命健康责任方法知识

　　第四节　生命安全责任方法知识

第三章　生命责任行动知识举要

　　第一节　珍爱生命责任行动知识

　　第二节　生命价值责任行动知识

　　第三节　生命健康责任行动知识

　　第四节　生命安全责任行动知识

第四章　生命责任态度知识举要

　　第一节　珍爱生命责任态度知识

　　第二节　生命价值责任态度知识

　　第三节　生命健康责任态度知识

　　第四节　生命安全责任态度知识

第五章　生命责任文化知识举要

　　第一节　珍爱生命责任文化知识

　　第二节　生命价值责任文化知识

　　第三节　生命健康责任文化知识

　　第四节　生命安全责任文化知识

后记

学习路径提示：

流程三　生命责任文化信息交流

学习路径提示：

1. 传播助理主持养成团队内部交流。
2. 文化传播团队主持全班交流。

流程四　生命责任文化认知测评

学习路径提示

1. 养成团队交叉测评。
2. 素质观测团队分团队测评。
3. 测评主要依据是《生命责任文化信息手册》编写质量等级。

流程五　生命责任认知评分

学习路径提示：

1. 评分方式：通过抽签确定交叉评分对象。
2. 按下列评分标准与成绩表操作。

评分项目	分值	得分	等级	评语	评分人
封面设计水平	10				
内容的完整性	30				
内容的正确性	30				
内容的艺术性	10				
文字编辑水平	10				
美术编辑水平	10				

养成活动六　生命责任素质反思

流程一　生命责任思考

学习路径提示：

1. 树标杆，谈认识：选择一个自己在生命责任文化素质方面最佩服的人，从珍爱生命、生命价值实现、身心健康、生命安全几个方面，分析它的生命责任文化素质知识与技能水平、行为与态度表现、价值与情感取向、理想与境界。

2. 找差距，查原因：对照自己最佩服的人生命责任文化素质，从珍爱生命、身心健康、生命安全、生命价值实现几个方面，查找自己生命责任素质在知识与技能水平、行为与态度表现、价值与情感取向、理想与境界层次方面存在的不足，并举例说明。在上述基础上，从社会、家庭和自身三个方面分析自己的生命责任素质为什么有许多好的素质，为什么存在这些不足。

3. 明目标，定措施：根据上述分析结果，确立自己生命责任文化素质养成的具体目标，然后说明自己准备通过哪些措施实现自己确定的文化素质养成目标。

流程二　撰写反思报告

学习路径提示：

1. 整理上述反思内容，根据《生命责任文化素质反思策划书》，以《生命责任文化素质反思》为题，撰写生命责任文化素质反思报告。

2. 可参考以下提示安排作文结构，撰写作文提纲。

(1)联系优秀人物谈自己对生命责任的理解与认识，包括内涵、意义价值、成长规律与原因。

(2)对照优秀人物的生命责任文化素质，谈自己生命责任文化素质的优点与不足。

(3)分析自己生命责任文化素质优点与不足的原因。

(4)根据优秀人物的成长过程和规律,确定自己的生命责任提升目标与措施。

四个部分的小标题,通过概括上述四个内容确定。每个小标题要写出观点和案例。

流程三　反思策划团队编辑《生命责任文化素质反思精选》

流程四　生命责任文化素质反思交流

学习路径提示:

1. 团队项目组长主持,在团队内部交流《生命责任素质反思》。

2. 各团队推选1篇优秀作品在全班交流。

流程五　生命责任文化素质反思评分

学习路径提示:

1. 个人作品评分:先通过抽签确定交叉评分对象,然后交叉评分,再填写成绩表。

评分项目	分值	得分	等级	评语	评分人
主题的明确性	15				
结构的完整性	30				
内容的正确性	10				
内容的丰富性	30				
语言运用水平	15				

2. 团队作品评分:先通过抽签确定交叉评分对象,然后交叉评分,再填写成绩表。

评分项目	分值	得分	等级	评语	评分人
封面设计水平	10				
内容的完整性	30				
内容的正确性	30				
内容的艺术性	10				
文字编辑水平	10				
美术编辑水平	10				

养成活动七 生命责任素质辩论

流程一 选择论辩题目并确定正反方

学习路径提示：

1. 各团队论辩题目在下列选题中抽取。

(1)生命与责任密不可分。

(2)生命的责任在于奉献。

(3)生命的责任在于担当。

(4)生命的责任在于珍爱。

(5)生命的责任在于运动。

(6)生命的责任在于安全。

(7)生命的责任在于健康。

(8)生命的责任在于健美。

2. 各团队自愿结对，两个团队互为正反方。

流程二 正反方团队共同做好辩论前准备

学习路径提示：

1. 正反方团队内部分工。

(1)一辩手负责立论陈词，即明确本方论点，界定阐释论题关键词；说明对方论点的错误，从关键词角度说明对方论点的错误。

(2)二辩手负责正面论证，即从正面论证本方论点的正确性，批驳对方论点的正确性。

(3)三辩手负责反面论证，即从反面论证本方论点的正确性，批驳对方论点的正确性。

(4)四辩手负责归纳总结，即概括说明前三个辩手的观点和论证过程，阐释最后的结论。

2. 正反方共同讨论《辩论赛活动策划书》。

3. 正反方共同讨论《辩论赛活动与规则》。

4. 正反方团队成员按角色进行赛前演练。

流程三 生命责任辩论赛 1. 指导教师陈词。

2. 辩论正式开始。

3. 指导教师点评。

4. 评价团队按以下标准评分。

个人评分标准

个人得分（100分）	语言表达	1. 普通话标准、语速适中； 2. 语调平仄合理； 3. 口头、肢体语言和谐； 4. 修辞得当、表达合理； 5. 表达流畅、说理透彻。	20分
	逻辑推理	1. 逻辑推理过程清晰； 2. 论证结果合理、有力； 3. 善于处理逻辑难点。	20分
	辩驳能力	1. 提问简明扼要； 2. 设问针对性强、火力强劲； 3. 回答问题精准、处理问题有技巧（攻、守、避合理） 4. 反驳有理有据、论证有力； 5. 引用实例恰当。	20分
	临场反应	1. 反应敏捷； 2. 用语得体； 3. 技巧多元得当。	15分
	整体意识	1. 分工合理、协调一致； 2. 衔接有序、互为攻守； 3. 自由辩论错落有致；气氛调节有度。	15分
	综合印象	1. 仪态、着装合理； 2. 台风与辩风； 3. 有风度及幽默感； 4. 尊重对方辩友、评委和观众。	10分

团队评分标准

团体得分（300分）	立论陈词	1. 开篇立论逻辑清晰，言简意赅； 2. 论点明晰，论据充足，分析透彻，引证有力； 3. 论据内容丰富，引用资料充分恰当、准确； 4. 分析的角度和层次具有说服力和逻辑性； 5. 语言表达流畅、有文采。	30分
	对辩辩驳	1. 表达清晰、论证合理而有力； 2. 回答问题精准、处理问题有技巧（攻、守、避合理）； 3. 推理过程合乎逻辑，事实引用得当； 4. 针对性强，有理有据。	40分
	攻辩小结	1. 全面归纳对方的矛盾与差错，并作系统的反驳和攻击； 2. 提问简明，击中要害； 3. 辩护有理有据及有力，说服力强。	20分

续 表

团体得分（300分）	自由辩论	1. 攻防转换有序，把握论辩主动权； 2. 针对对方的论点、论据进行有力反驳； 3. 坚守并能进一步巩固、扩大阵地。	60分
	回答提问	根据辩论队的整体形象，从整体配合、语言运用、临场反应（语言、风度、举止、表情）等方面评分。	20分
	总结陈词	全面总结本方的立场、论证，系统反驳对方的进攻，为本方辩护；语言表达具有说服力和逻辑性。	30分
	语言风度	1. 用词得当、流畅； 2. 语调抑扬顿挫、语速适中； 3. 表达清晰、层次清楚，逻辑严密。	50分
	团队配合及临场反应	根据辩论队的整体形象，从辩风、整体配合、语言运用、临场反应（语言、风度、举止、表情）等方面评分；有团队精神，相互支持；论辩衔接流畅；反应敏捷，应对能力强；问答形成一个有机整体，有效地打击对方。	50分

5. 填写评分表。

团队名称	一辩得分	二辩得分	三辩得分	四辩得分	团体平均分	总分	测评员

养成活动八　生命责任行为担当

流程一　按下表填写生命责任状

×××在宁波城市职业技术学院学习期间生命责任状

责任方（学生个人）：

指导方（辅导员）：

监督方(同班同学):
监管方(学院领导):

为打造爱心校园、平安校园,使每一个学生在相互关爱中成长,安全健康地成长,签订本责任状。

一、责任方职责行为目标与要求

1. 珍爱生命责任行为目标与要求;

2. 身体健康责任行为目标与要求;

3. 心理健康责任行为目标与要求;

4. 生命安全责任行为目标与要求;

5. 生命价值实现责任行为目标与要求。

二、指导方职责行为目标与要求

1. 珍爱生命责任行为指导目标与要求;

2. 身体健康责任行为指导目标与要求;

3. 心理健康责任行为指导目标与要求;

4. 生命安全责任行为指导目标与要求;

5. 生命价值实现责任指导行为目标与要求。

三、监督方职责行为目标与要求

1. 珍爱生命责任行为监督目标与要求;

2. 身体健康责任行为监督目标与要求;

3. 心理健康责任行为监督目标与要求;

4. 生命安全责任行为监督目标与要求;

5. 生命价值实现责任行为监督目标与要求。

四、监管方职责

1. 生命责任监管奖惩办法;

2. 生命责任监管实施办法。

五、附则

本责任状双方签字后生效,执行日期自××年××月××日至××年××月××日。

责任方签字:

指导方签字:

监护方签字:

监督方签字:

监管方签字:

流程二 生命责任状签字仪式

流程三 组长主持小组内交流生命责任状

流程四 生命责任状评分

学习路径提示：

先通过抽签确定交叉评分对象，然后交叉评分，再填写成绩表。

评分项目	分值	得分	等级	评语	评分人
主题的明确性	15				
结构的完整性	30				
内容的正确性	10				
内容的丰富性	30				
语言运用水平	15				

养成活动九　生命责任能力训练

流程一 生命责任能力团队组建

学习路径提示：每个团队按下表分工，确定团队成员项目任务：

团队名称				
岗位	姓名	职业特长	职责职能	工作任务
训练助理				
知识认知训练员				
行动认知训练员				
态度表现训练员				
问题解决训练员				
训练管理员				
文字编辑员				
美术编辑员				

流程二 编写训练手册

学习路径提示：

1. 按团队分工编写训练手册。
2. 团队内部交流修改训练手册。
3. 文字编辑、美术编辑编辑《生命责任能力训练手册》。

《生命责任能力训练手册》提纲：

封面设计

前言

目录

第一章 珍爱生命责任能力训练

  第一节 知识认知训练

    训练流程一：明确训练目标

    训练流程二：分解训练任务

    训练流程三：完成训练准备

    训练流程四：实施训练实操

    训练流程五：训练效果评估

  第二节 行动认知训练

    训练流程一：明确训练目标

    训练流程二：分解训练任务

    训练流程三：完成训练准备

    训练流程四：实施训练实操

    训练流程五：训练效果评估

  第三节 态度表现训练

    训练流程一：明确训练目标

    训练流程二：分解训练任务

    训练流程三：完成训练准备

    训练流程四：实施训练实操

    训练流程五：训练效果评估

  第四节 问题解决训练

    训练流程一：明确训练目标

    训练流程二：分解训练任务

    训练流程三：完成训练准备

    训练流程四：实施训练实操

    训练流程五：训练效果评估

流程三 训练手册编写质量评比

学习路径提示:先通过抽签确定交叉评分对象,然后交叉评分,再填写成绩表。

评分项目	分值	得分	等级	评语	评分人
封面设计水平	10				
内容的完整性	30				
内容的正确性	30				
内容的艺术性	10				
文字编辑水平	10				
美术编辑水平	10				

流程四　生命责任能力训练

学习路径提示：按训练手册，借助网络学习资源平台训练。

流程五　生命责任能力测评

学习路径提示：先通过抽签确定交叉评分对象，然后交叉评分，再填写成绩表。

评分项目	分值	得分	等级	评语	评分人
珍爱自身生命能力	15				
生命价值实现能力	15				
珍爱他人生命能力	15				
生命价值实现能力	15				
身心健康能力	15				
人身安全能力	15				
饮食安全能力	10				

养成活动十　生命责任主题实践

流程一　按下列要求确定团队负责人

1. 平时能积极参与学校(学院)的社会实践活动；
2. 遵章守纪，在校期间无任何违法乱纪记录，成绩优良；
3. 有较好的组织领导能力，善于与人沟通。

流程二　按以下要求组团

1. 团队成员数为 6 人；
2. 选取爱心奉献、人身安全、饮食安全、心理健康、身体健康一个方面，确定实践主题；

3. 向学院申报，经审批确认为生命责任文化实践团队后方可进行相关实践活动；

4. 上交团队项目申报表，附活动策划书、安全预案和实践单位或个人接待回执；

5. 按队长、组织策划、外联、媒体联系、项目宣传、拍摄记录、博客发帖、财务管理、生活管理、安全管理等角色进行分工。

流程三　按以下要求聘请指导老师

1. 在辅导员、班主任、专业老师等在职老师中聘请。

2. 指导老师应承诺对实践团队的选题、组织、实践成果整理完成等方面进行指导，关心学生在实践过程中的安全状况。

流程四　按以下要求撰写实践方案

1. 实践主题定位；
2. 实践对象选择；
3. 实践目标确定；
4. 实践项目设计；
5. 实践团队分工；
6. 实践行程安排；
7. 团队设备配置与管理；
8. 团队财务预算与管理；
9. 团队生活安排与管理；
10. 团队安全预案与管理；
11. 赞助商与奖品管理。

流程五　组织实践能力培训活动，做好实践前的各项准备工作

1. 根据实践主题进行角色分工；
2. 明确每个角色应具备的知识、技能和态度；
3. 通过角色扮演进行能力演练。

流程六　团队安全培训

1. 财产和生命安全教育；
2. 明确不可抗力突发事件应对措施；
3. 通过角色扮演进行安全应对演练。

流程七 团队宣传

1. 联系相关媒体；

2. 挖掘新闻材料，反映实践成果；

3. 将宣传稿及相关媒体报道情况反馈学校。

流程八 了解实践报告的结构

1. 题目：简洁明了，通过精练的语言把实践活动的内容和特点明确概括出来。字数要适当，不宜超过 20 个字。可以设副标题。

2. 学院及作者名称：在论文题目下方注明，学院名称应用全称。

3. 摘要：概括实践活动中得到的基本观点、实践方法、取得的成果和结论，字数以 200 字左右为宜，包括：摘要正文和关键词。

4. 正文：包括实践活动的目的意义、相关背景、时间、地点、人员、调查手段，以及对实践活动中得到的结论的详细叙述。要有新观点、新思路；坚持理论联系实际，对实际工作有指导作用和借鉴作用，能提出建设性的意见和建议；报告内容观点鲜明，重点突出，结构合理，条理清晰，文字通畅、精炼。字数一般控制在 8000 字左右。

5. 参考文献：反映调查报告的取材来源、材料的广博程度和材料的可靠程度。

6. 附录：某些不宜放在正文中，但又具有参考价值的内容，可以编入附录中。

流程九 按下列要求撰写实践报告

1. 通过回答为什么写实践报告，思考并用简洁的文字概括报告主题。

2. 围绕主题收集资料：通过实地调查、社会实践或实习等渠道获得；从校内外图书馆、资料室已有的资料中查找。

3. 拟订提纲：根据调查报告主题的需要拟订结构框架和体系。在起草论文提纲后，可请指导教师审阅修改。

4. 起草：在起草时应尽量做到纲举目张、顺理成章、详略得当、井然有序。

5. 修改、定稿：改正草稿中的缺点或错误，在反复推敲修改后，才能定稿。

流程十 主题实践活动实操

学习路径提示：

1. 在组长主持下按分工实施主题实践活动。

2. 项目助理做好每个活动环节的观测记录。

流程十一 团队成员撰写主题实践活动总结

学习路径提示：

1. 回顾完成分管工作的过程和体会。

2. 团队成员帮助完善实践活动回顾。

3. 整理回顾活动材料撰写个人总结。

流程十二　项目组长按下列要求撰写实践报告

1. 通过回答为什么写实践报告,思考并用简洁的文字概括报告主题。

2. 围绕主题收集资料:通过实地调查、社会实践或实习等渠道获得;从校内外图书馆、资料室已有的资料中查找。

3. 拟订提纲:根据调查报告主题的需要拟订结构框架和体系。在起草论文提纲后,可请指导教师审阅修改。

4. 起草:在起草时应尽量做到纲举目张、顺理成章、详略得当、井然有序。

5. 修改、定稿:改正草稿中的缺点或错误,因此应反复推敲修改后,才能定稿。

流程十三　主题实践报告评分

学习路径提示:

1. 学习实践活动考核标准。

责任文化素质养成实践活动考评表

内容标准				评价标准		等级标准		
序	项目	考评材料	考评内容	分值	主要观测点	初级	中级	高级
	选题与设计	开题报告	主题贴近度	2	问题贴近度 目标贴近度 任务贴近度	5	7	9
			发展贴近度	2	挑战性 自主性 才能发挥			
			个性贴近度	2	个人兴趣贴近度 个人性格贴近度 个人特长贴近度			
			能力覆盖面	2	知识覆盖面 能力覆盖面			
			设计水平	2	内容完整性 形式逻辑性 文本规范性			
	素质水平	素质观测	责任认知	4	明确责任目标 明确责任路径	5	7	9
			责任能力	3	运用责任行动方法 责任行动效果明显			
			责任态度	3	积极主动 认真细致 坚持经常			

续　表

内容标准				评价标准		等级标准		
序	项目	考评材料	考评内容	分值	主要观测点	初级	中级	高级
	执行过程与方法	行动计划	思路创意过程与方法	15	思路创意建构的组织形式、操作活动、方法技巧	20	28	36
		实践活动总结	组织实施过程与方法	10	组织实施方案制订的组织形式、操作活动、方法技巧			
		实施过程观测	能力形成过程与方法	15	能力表现形式、活动执行、方法技巧			
	成果与效益	实践活动报告	质量	10	科学性体现 创新性体现 实用性体现	15	21	27
	成果与效益	实践活动报告	数量	10	工作量数量 独立完成情况 合作完成情况			
			价值	10	促进就业价值 职业发展价值 个性发展价值			
	答辩与表现	答辩陈述 答辩记录	答案正确性	4	要素完整状况 符合规律状况 逻辑性状况	5	7	9
			表达清晰度	3	语句流畅性状况 用词准确性状况 层次清晰度状况			
			内容深浅度	3	符合要求状况 达到水准状况 富有创意状况			

2. 各组推荐质检员组成班级考核小组。

3. 指导教师宣布汇报顺序。

4. 考核组长主持汇报和考核。

5. 各团队按次序汇报。

6. 评委逐个亮分，项目助理统计分数并填写积分表。

项目团队	评分项目	成绩	等级	评分依据
项目组长姓名	选题与设计 能力水平 执行过程与方法 成果与效益 答辩与表现			

续 表

项目团队	评分项目	成绩	等级	评分依据
项目助理姓名	选题与设计 能力水平 执行过程与方法 成果与效益 答辩与表现			
团队成员姓名	选题与设计 能力水平 执行过程与方法 成果与效益 答辩与表现			
团队成员姓名	选题与设计 能力水平 执行过程与方法 成果与效益 答辩与表现			
团队成员姓名	选题与设计 能力水平 执行过程与方法 成果与效益 答辩与表现			
团队成员姓名	选题与设计 能力水平 执行过程与方法 成果与效益 答辩与表现			
团队成绩		团队等级		评分依据：
优化建议				

评分人签字： 测评组长签字：

附件:单元计分表

项目团队	评分项目	单项分数						总分
	团队组建	一号	二号	三号	四号	五号	六号	
	活动策划							
	责任认知							
	责任调研							
	责任反思							
	责任担当							
	责任辩论							
	责任训练							
	责任实践							

续　表

项目团队	评分项目	单项分数							总分
	团队组建								
	活动策划								
	责任认知								
	责任调研								
	责任反思								
	责任担当								
	责任辩论								
	责任训练								
	责任实践								
	团队组建								
	活动策划								
	责任认知								
	责任调研								
	责任反思								
	责任担当								
	责任辩论								
	责任训练								
	责任实践								
	团队组建								
	活动策划								
	责任认知								
	责任调研								
	责任反思								
	责任担当								
	责任辩论								
	责任训练								
	责任实践								

续　表

项目团队	评分项目	单项分数							总分
	团队组建								
	活动策划								
	责任认知								
	责任调研								
	责任反思								
	责任担当								
	责任辩论								
	责任训练								
	责任实践								
	团队组建								
	活动策划								
	责任认知								
	责任调研								
	责任反思								
	责任担当								
	责任辩论								
	责任训练								
	责任实践								
	团队组建								
	活动策划								
	责任认知								
	责任调研								
	责任反思								
	责任担当								
	责任辩论								
	责任训练								
	责任实践								
个人总成绩									
团队总成绩									

第二单元
家庭责任文化素质养成

课前寄语：家庭，无论是贫穷还是富有，都是它给了我们宝贵的生命，把抚育我们长大。感恩家庭，担负起家庭责任，是做人的基本准则，也是社会和谐，人类繁衍生息的基本保证。孝敬老人、姊妹互助、家庭安全、勤俭持家、承担家务，我们一起行动吧！

养成活动一　了解养成任务项目

流程一　阅读下表了解本单元信息

单元名称：家庭责任文化素质养成							
授课班级	略	上课时间	略	课时		上课地点	略
养成目标	能力目标			素养目标			
	通过家庭责任文化素质养成活动，培养孝敬老人、姊妹互助、家庭安全、勤俭持家、家务劳动能力。			通过家庭责任文化素质养成活动，培养家庭责任感，培养家庭奉献精神。			
养成项目与案例	训练项目			相关案例			
	任务1：家庭责任文化素质活动策划 任务2：家庭责任文化素质调研 任务3：家庭责任文化素质认知 任务4：家庭责任文化素质反思 任务5：家庭责任担当 任务6：家庭责任文化素质辩论 任务7：家庭责任能力训练 任务8：家庭责任文化素质主题实践			《家庭责任文化素质活动策划书》 《家庭责任文化素质调研报告》 《家庭责任文化知识与案例手册》 《家庭责任文化素质反思精选》 《家庭责任能力训练手册》 《家庭责任状》 《家庭责任文化辩论赛策划书》 《家庭责任文化素质主题实践活动报告》			

续 表

<table>
<tr><td rowspan="2">基础能力要求</td><td>知识储备要求</td><td>基本技能要求</td></tr>
<tr><td>1. 了解家庭责任文化知识；
2. 了解家庭责任行为方式；
3. 活动质量效果评价方法。</td><td>信息查询技能、团队合作、组织管理技能。</td></tr>
<tr><td colspan="2">考核责任意识和能力</td><td>考核评价难点</td></tr>
<tr><td colspan="2">家庭责任意识和能力</td><td>家庭责任意识向家庭责任能力迁移</td></tr>
</table>

说明：本表属于《单元学习信息》通用模板，同学们按照指导教师的安排，根据所属专业确定具体专业方向。

流程二　通过自学掌握本单元学习信息

学习路径提示：你是否理解上述学习信息，把不理解的疑问写出来，然后通过网上查询，向老师、同学求教，排除你的疑问。

养成活动二　素质养成团队组建

流程一　责任文化素质养成团队组建

学习路径提示：

1. 全班同学自愿报名产生家庭责任文化素质养成团队组长候选人。

2. 通过竞聘产生若干家庭责任文化素质养成团队组长。

3. 项目组长与全班同学自由组合，按 6 人一组产生学习团队。

4. 项目组内通过协商、竞聘产生学习团队成员岗位角色，包括家庭责任文化素质信息助理、家庭责任文化素质传播助理、家庭责任文化素质训练助理、家庭责任文化素质评价助理、家庭责任文化素质竞赛助理。

5. 项目组内通过协商，确定每个团队成员的岗位职能和职责。

流程二　填写下表

<table>
<tr><td colspan="2">团队名称</td><td colspan="3"></td></tr>
<tr><td rowspan="3">团队结构</td><td>岗位</td><td>姓名</td><td>职业特长</td><td>本项目职责职能</td></tr>
<tr><td>项目组长</td><td></td><td></td><td>活动策划主持</td></tr>
<tr><td>信息助理</td><td></td><td></td><td>知识案例查询</td></tr>
</table>

续　表

团队名称				
团队结构	传播助理			辅助交流、辩论、讲评
	训练助理			辅助能力训练
	竞赛助理			辅助竞赛
	评价助理			辅助素质观测

流程三　上交家庭责任文化素质养成团队组建表

学习路径提示：按上交表格先后和填写质量，讲评并确定团队组建成绩。

流程四　组长宣布家庭责任文化素质养成团队组建结果

学习路径提示：按礼仪、表达讲评并确定团队组建成绩。

养成活动三　素质养成活动策划

流程一　家庭责任文化素质养成创意策划

学习路径：

1. 各创意策划助理填写下表，组建工作团队。

认知策划团队

团队名称				
岗位	姓名	职业特长	职责职能	工作任务
项目助理				
认知知识信息策划员				
方法知识信息策划员				
行动知识信息策划员				
文化知识信息策划员				
态度知识信息策划员				
文字编辑员				
美术编辑员				

反思策划团队

团队名称				
岗位	姓名	职业特长	职责职能	工作任务
项目组长				
认知反思策划				
行动反思策划				
态度反思策划				
价值反思策划				
文本撰写策划				
反思交流策划				
文本编辑策划				

担当策划团队

团队名称				
岗位	姓名	职业特长	职责职能	工作任务
项目组长				
责任目标策划 1				
责任目标策划 2				
责任要求策划 1				
责任要求策划 2				
责任状撰写策划				
责任状编辑策划				
责任担当仪式策划				

辩论策划团队

团队名称				
岗位	姓名	职业特长	职责职能	工作任务
项目组长				
论点策划				
论据策划				
论证策划				
活动策划				
分工策划				
策划书撰写策划				

训练策划团队

团队名称				
岗位	姓名	职业特长	职责职能	工作任务
项目组长				
孝敬老人能力训练策划				
姊妹互助能力训练策划				
家庭安全能力训练策划				
勤俭持家能力训练策划				
家务劳动能力训练策划				

实践策划团队

团队名称				
岗位	姓名	职业特长	职责职能	工作任务
项目组长				
孝敬老人行动策划				
姊妹互助行动策划				
家庭安全行动策划				
勤俭持家行动策划				
家务劳动行动策划				

2. 各团队讨论以下问题，撰写策划书。

(1)家庭责任活动主题的含义是什么，包括哪些方面？

(2)为什么要组织这项活动，最终要达到什么目的？

(3)活动安排在什么时间，什么地点？

(4)活动分几个阶段、几个项目，每个项目有哪些任务？为什么这样设置？

(5)每个活动项目任务通过哪些途径完成？

(6)每项活动项目任务由谁负责？谁配合做哪些辅助工作？

(7)活动有哪些预期成果，谁负责撰写提供？

(8)活动需要配置哪些器材，谁负责准备？

3. 按策划书结构要求撰写策划书。

策划书题目要求：《×××团队家庭责任文化素质实践活动策划方案》。

策划书结构要求：

(1)活动背景与活动意义。

(2)主题概念界定与目的。

(3)活动项目与任务定位。

(4)活动路径与方法选择。

(5)活动日程与具体安排。

(6)活动预期成果与责任。

流程二 策划书交流考核

学习路径提示:

1. 项目组长主持,在团队内部交流策划书,项目助理记录。

2. 根据讨论结果项目组长修改策划书。

3. 项目组长主持,两个团队交叉评价策划书,项目助理记录。

4. 组长说明评分标准,分解评分项目,将评分结果填入成绩表。

评分项目	分值	得分	等级	评语	评分人
活动目标任务明确性	10				
活动过程设计完整性	20				
活动项目任务落实性	20				
活动日程安排合理性	20				
活动路径设计得当性	10				
活动预期成果有创意	10				
文本语言运用水平	10				

养成活动四 家庭责任素质调研

流程一 调研准备

学习路径提示:

1. 在孝敬老人、姊妹互助、家庭安全、勤俭持家、家务劳动五个主题中任选一个,作为本团队调研主题。

2. 在本班级范围内,通过抽签确定两个团队互为调研对象。

3. 项目组长主持,回答下列问题,讨论调研活动安排,项目组长记录。

(1)调研主题的含义是什么,包括哪些方面?

(2)为什么要调研这个主题,最终要达到什么目的?
(3)调研对象在什么时间,什么地点接受你的调研?
(4)调研分几个项目,每个项目有哪些调研任务?为什么这样设置?
(5)每个调研项目任务通过哪些途径调查?
(6)每个调研项目任务通过什么方法分析?
(7)每项调查项目任务由谁负责?谁配合做哪些辅助工作?
(8)调查获得的材料由谁来整理,谁负责分析?
(9)调研预期有哪些成果,谁负责撰写提供?
(10)调查问卷制作有哪些要求?谁负责制作?
(11)调查座谈提纲有哪些要求,谁负责拟写?
(12)调查器材需要配置哪些器材,谁负责准备?
(13)调查材料分析用什么统计分析方式?
(14)调查材料从哪些角度分析,用什么理论?
(15)每项调研项目任务的时间地点安排。
4. 项目组长整理讨论结果,撰写调研方案。
题目要求:《×××团队生命责任素质调研方案》。
结构要求:
(1)调研主题概念界定。
(2)调研目的与意义阐释。
(3)调研项目与任务定位。
(4)调研路径与方法选择。
(5)调研活动日程与安排。
(6)调研预期成果与责任。

流程二　调查实操

学习路径提示:按调研方案安排,通过下列途径完成调查工作。
1. 图书文献调查。
2. 网络信息调查。
3. 现场观测调查。
4. 问卷发放调查。
5. 座谈讨论调查。

流程三　分析实操

学习路径提示:按调研方案安排,通过下列途径完成调查材料分析工作。
1. 调查材料甄别。

2. 调查材料分类。
3. 调查数据统计。
4. 调查材料定性。
5. 提出调研结论。

流程四　调研报告撰写

学习路径提示：
1. 题目:《×××团队家庭责任文化素质调研报告》。
2. 结构：
(1)调研背景与意义。
(2)调研目标与任务。
(3)调研对象的选择。
(4)调研过程与方法。
(5)调查获得的材料。
(6)分析获得的认识。
(7)调研取得的结论。
(8)提出的有关建议。

流程五　团队合作报告撰写

学习路径提示：
1. 项目组长主持总结调研团队合作表现,每个成员发言,项目助理记录。
2. 总结的内容包括：
(1)承担的项目任务与完成情况；
(2)完成项目任务的具体过程；
(3)完成项目任务的工作态度；
(4)完成项目任务的具体做法；
(5)与团队其他成员的配合如何?
(6)获得了哪些经验体会?
3. 项目组长根据团队成员发言,撰写《×××家庭责任素质调研团队合作报告》。
结构：
(1)团队组建背景与目的。
(2)团队的工作目标任务。
(3)团队合作过程与方法。
(4)团队合作态度与表现。
(5)团队合作经验与体会。

(6)团队合作问题与建议。

流程六 调研成果交流考核

学习路径提示：

1. 项目组长主持，在团队内部讨论《×××团队家庭责任素质调研报告》，项目助理记录。

2. 根据讨论结果，项目组长修改《×××团队家庭责任素质调研报告》。

3. 项目组长主持，两个团队交叉评价《×××团队家庭责任素质调研报告》。项目助理记录。

4. 组长说明评分标准，分解评分项目，将评分结果填入成绩表。

评分项目	分值	得分	等级	评语	评分人
目标的明确性	10				
过程的完整性	20				
内容的充实性	20				
方法的得当性	20				
观点的正确性	10				
结论的正确性	10				
语言运用水平	10				

流程七 团队合作交流考核

学习路径提示：

1. 项目组长主持，团队内部讨论《×××团队家庭责任素质调研团队合作报告》，项目助理记录。

2. 根据讨论结果项目组长修改《×××团队家庭责任文化素质调研报告》。

3. 项目组长主持，两个团队交叉评价《×××团队生命责任素质调研报告》。项目助理记录。

4. 组长说明评分标准，分解评分项目，将评分结果填入成绩表。

评分项目	分值	得分	等级	评语	评分人
团队组建背景与目的	10				
团队的工作目标任务	20				
团队合作过程与方法	20				
团队合作态度与表现	20				
团队合作经验与体会	10				
团队合作问题与建议	10				

养成活动五　家庭责任文化认知

流程一　家庭责任文化信息搜索团队组建

学习路径提示：

1. 各养成团队信息助理按下表分工，确定团队成员项目任务。

流程二　职业人类责任文化信息搜索团队组建

学习路径提示：

1. 各养成团队信息助理按下表分工，确定团队成员项目任务。

团队名称				
岗位	姓名	职业特长	职责职能	工作任务
信息助理				
认知知识信息员				
方法知识信息员				
行动知识信息员				
文化知识信息员				
态度知识信息员				
文字编辑员				
美术编辑员				

2. 信息员按职责任务搜索家庭责任文化信息。
3. 文字编辑、美工编辑编辑《家庭责任文化信息手册》。
4.《家庭责任文化信息手册》编辑提纲。

封面：主编、文字编辑、美术编辑，编者。

目录

前言

第一章　家庭责任认知知识举要

　　第一节　孝敬老人认知知识

　　第二节　姊妹互助认知知识

　　第三节　家庭安全认知知识

　　第四节　勤俭持家认知知识

流程三　家庭责任文化信息交流

学习路径提示：

1. 传播助理主持养成团队内部交流。
2. 文化传播团队主持全班交流。

流程四　家庭责任文化认知测评

学习路径提示

1. 测评助理养成团队交叉测评。

2. 素质观测团队分团队测评。

3. 测评主要依据是《家庭责任文化信息手册》编写质量等级。

流程五　家庭责任认知评分

学习路径提示：

1. 评分方式：通过抽签确定交叉评分对象。

2. 按下列评分标准与成绩表操作。

评分项目	分值	得分	等级	评语	评分人
封面设计水平	10				
内容的完整性	30				
内容的正确性	30				
内容的艺术性	10				
文字编辑水平	10				
美术编辑水平	10				

养成活动六　家庭责任素质反思

流程一　家庭责任思考

学习路径提示：

1. 树标杆，谈认识：选择一个自己在家庭责任素质方面最佩服的人，从孝敬老人、姊妹互助、家庭安全、勤俭持家、家务劳动等方面，分析他的家庭责任文化素质知识与技能水平、行为与态度表现、价值与情感取向、理想与境界层次等方面，分析他的家庭责任素质。

2. 找差距，查原因：对照自己最佩服的人家庭责任素质，从孝敬老人、姊妹互助、家庭安全、勤俭持家、家务劳动几个方面，查找自己家庭责任文化素质在知识与技能水平、行为与态度表现、价值与情感取向、理想与境界等存在的不足，并举例说明。在上述基础上从社会、家庭和自身三个方面分析自己的家庭责任素质为什么有许多好的素质，为什么存在这些不足。

3. 明目标，定措施：根据上述分析结果，确立自己家庭责任文化素质养成的具体目标，然后说明自己准备通过哪些措施实现自己确定的文化素质养成目标。

流程二　撰写反思评价报告

学习路径提示：

1. 整理上述反思与评价内容，根据《家庭责任文化素质反思策划书》，以《家庭责任文化素质反思》为题，撰写家庭责任反思报告。

2. 可参考以下提示安排结构，撰写提纲。

(1)联系优秀人物谈自己对家庭责任的理解与认识，包括内涵、意义价值、成长规律与原因。

(2)对照优秀人物的家庭责任文化素质，谈自己家庭责任文化素质的优点与不足。

(3)分析自己家庭责任优点与不足的原因。

(4)根据优秀人物的成长过程和规律，确定自己的家庭责任文化素质提升目标与措施。

四个部分的小标题，通过概括上述四个内容确定。每个小标题要写出观点和案例。

流程三　反思策划团队编辑《家庭责任文化素质反思精选》

流程四　家庭责任文化素质反思交流

学习路径提示：

1. 团队项目组长主持，在团队内部交流《家庭责任文化素质反思》。

2. 各团队推选1篇优秀作品在全班交流。

流程五　家庭责任文化素质反思评分

学习路径提示：

1. 个人作品评分：先通过抽签确定交叉评分对象，然后交叉评分，再填写成绩表。

评分项目	分值	得分	等级	评语	评分人
主题的明确性	15				
结构的完整性	30				
内容的正确性	10				
内容的丰富性	30				
语言运用水平	15				

2. 团队作品评分：先通过抽签确定交叉评分对象，然后交叉评分，再填写成绩表。

评分项目	分值	得分	等级	评语	评分人
封面设计水平	10				
内容的完整性	30				
内容的正确性	30				
内容的艺术性	10				
文字编辑水平	10				
美术编辑水平	10				

养成活动七　家庭责任素质辩论

流程一　选择论辩题目并确定正反方

学习路径提示：

1. 各团队论辩题目在下列选题中抽取。

(1)家庭与责任密不可分。

(2)家庭的责任在于奉献。

(3)家庭的责任在于担当。

(4)家庭的责任在于关爱。

(5)家庭的责任在于理解。

(6)家庭的责任在于孝敬。

(7)家庭的责任在于能力。

2. 各团队自愿结对，两个团队互为正反方。

流程二　正反方团队共同做好辩论前准备

学习路径提示：

1. 正反方团队内部分工。

(1)一辩手负责立论陈词，即明确本方论点，界定阐释论题关键词；说明对方论点的错误，从关键词角度说明对方论点的错误。

(2)二辩手负责正面论证，即从正面论证本方论点的正确性，批驳对方论点的正确性。

(3)三辩手负责反面论证,即从反面论证本方论点的正确性,批驳对方论点的正确性。

(4)四辩手负责归纳总结,即概括说明前三个辩手的观点和论证过程,阐释最后的结论。

2. 正反方共同讨论《辩论赛活动策划书》。

3. 正反方共同讨论《辩论赛活动与规则》。

4. 正反方团队成员按角色进行赛前演练。

流程三　家庭责任辩论赛

学习路径提示:

1. 指导教师陈词。

2. 辩论正式开始。

3. 指导教师点评。

4. 评价团队按以下标准评分。

个人评分标准

个人得分(100分)	语言表达	1. 普通话标准、语速适中; 2. 语调平仄合理; 3. 口头、肢体语言和谐; 4. 修辞得当、表达合理; 5. 表达流畅、说理透彻。	20分
	逻辑推理	1. 逻辑推理过程清晰; 2. 论证结果合理、有力; 3. 善于处理逻辑难点。	20分
	辩驳能力	1. 提问简明扼要; 2. 设问针对性强、火力强劲; 3. 回答问题精准、处理问题有技巧(攻、守、避合理); 4. 反驳有理有据、论证有力; 5. 引用实例恰当。	20分
	临场反应	1. 反应敏捷; 2. 用语得体; 3. 技巧多元得当。	15分
	整体意识	1. 分工合理、协调一致; 2. 衔接有序、互为攻守; 3. 自由辩论错落有致;气氛调节有度。	15分
	综合印象	1. 仪态、着装合理; 2. 台风与辩风; 3. 有风度及幽默感; 4. 尊重对方辩友、评委和观众。	10分

团队评分标准

团体得分（300分）	立论陈词	1. 开篇立论逻辑清晰，言简意赅； 2. 论点明晰，论据充足，分析透彻，引证有力； 3. 论据内容丰富，引用资料充分恰当、准确； 4. 分析的角度和层次具有说服力和逻辑性； 5. 语言表达流畅、有文采。	30分
	对辩辩驳	1. 表达清晰、论证合理而有力； 2. 回答问题精准、处理问题有技巧（攻、守、避合理）； 3. 推理过程合乎逻辑，事实引用得当； 4. 针对性强 ，有理有据。	40分
	攻辩小结	1. 全面归纳对方的矛盾与差错，并作系统的反驳和攻击； 2. 提问简明，击中要害； 3. 辩护有理有据及有力，说服力强。	20分
	自由辩论	1. 攻防转换有序，把握论辩主动权； 2. 针对对方的论点、论据进行有力反驳； 3. 坚守并能进一步巩固、扩大阵地。	60分
	回答提问	根据辩论队的整体形象，从整体配合、语言运用、临场反应（语言、风度、举止、表情）等方面评分。	20分
	总结陈词	全面总结本方的立场、论证，系统反驳对方的进攻，为本方辩护；语言表达具有说服力和逻辑性。	30分
	语言风度	1. 用词得当、流畅； 2. 语调抑扬顿挫、语速适中； 3. 表达清晰、层次清楚，逻辑严密。	50分
	团队配合及临场反应	根据辩论队的整体形象，从辩风、整体配合、语言运用、临场反应（语言、风度、举止、表情）等方面评分；有团队精神，相互支持；论辩衔接流畅；反应敏捷，应对能力强；问答形成一个有机整体，有效地打击对方。	50分

5. 填写评分表：

团队名称	一辩得分	二辩得分	三辩得分	四辩得分	团体平均分	总分	测评员

养成活动八　家庭责任行为担当

流程一　按下表填写家庭责任状

×××在宁波城市职业技术学院学习期间家庭责任状

责任方(学生个人)：
指导方(辅导员)：
监督方(同班同学)：
监管方(学院领导)：

为打造爱心校园、平安校园，使每一个学生在相互关爱中成长，安全健康地成长，签订本责任状。

一、责任方职责行为目标与要求

1. 孝敬老人责任行为目标与要求；
2. 姊妹互助责任行为目标与要求；
3. 家庭安全责任行为目标与要求；
4. 勤俭持家责任行为目标与要求；
5. 家务劳动责任行为目标与要求。

二、指导方职责行为目标与要求

1. 孝敬老人责任行为指导目标与要求；
2. 姊妹互助责任行为指导目标与要求；
3. 家庭安全责任行为指导目标与要求；
4. 勤俭持家责任行为指导目标与要求；
5. 家务劳动责任行为指导目标与要求。

三、监督方职责行为目标与要求

1. 孝敬老人责任行为监督目标与要求；
2. 姊妹互助责任行为监督目标与要求；
3. 勤俭持家责任行为监督目标与要求；
4. 家庭安全责任行为监督目标与要求；
5. 家务劳动责任行为监督目标与要求。

四、监管方职责

1. 家庭责任监管奖惩办法；
2. 家庭责任监管实施办法。

五、附则：

本责任状双方签字后生效，执行日期自××年××月××日至××年××月××日。

责任方签字：

指导方签字：

监护方签字：

监督方签字：

监管方签字：

流程二 家庭责任状签字仪式

流程三 组长主持小组内交流家庭责任状

流程四 家庭责任状评分

学习路径提示：

先通过抽签确定交叉评分对象，然后交叉评分，再填写成绩表。

评分项目	分值	得分	等级	评语	评分人
主题的明确性	15				
结构的完整性	30				
内容的正确性	10				
内容的丰富性	30				
语言运用水平	15				

养成活动九 家庭责任能力训练

流程一 家庭责任能力团队组建

学习路径提示：

1. 各养成团队能力训练助理按下表分工，确定团队成员项目任务：

团队名称				
岗位	姓名	职业特长	职责职能	工作任务
训练助理				
知识认知训练员				
行动认知训练员				
态度表现训练员				
问题解决训练员				
训练管理员				
文字编辑员				
美术编辑员				

流程二　编写训练手册

学习路径提示：

1. 按团队分工编写训练手册。
2. 团队内部交流修改训练手册。
3. 文字编辑、美术编辑编辑《家庭责任能力训练手册》。

《家庭责任能力训练手册》提纲：

封面设计

前言

目录

第一章　孝敬老人责任能力训练

　　第一节　知识认知训练

　　　　训练流程一：明确训练目标

　　　　训练流程二：分解训练任务

　　　　训练流程三：完成训练准备

　　　　训练流程四：实施训练实操

　　　　训练流程五：训练效果评估

　　第二节　行动认知训练

　　　　训练流程一：明确训练目标

　　　　训练流程二：分解训练任务

　　　　训练流程三：完成训练准备

　　　　训练流程四：实施训练实操

　　　　训练流程五：训练效果评估

　　第三节　态度表现训练

第四节　问题解决训练

训练流程一：明确训练目标

训练流程二：分解训练任务

训练流程三：完成训练准备

训练流程四：实施训练实操

训练流程五：训练效果评估

流程三　训练手册编写质量评比

学习路径提示：先通过抽签确定交叉评分对象，然后交叉评分，再填写成绩表。

评分项目	分值	得分	等级	评语	评分人
封面设计水平	10				
内容的完整性	30				
内容的正确性	30				
内容的艺术性	10				
文字编辑水平	10				
美术编辑水平	10				

流程四　家庭责任能力训练

学习路径提示：按训练手册，借助网络学习资源平台训练。

流程五　家庭责任能力测评

学习路径提示：先通过抽签确定交叉评分对象，然后交叉评分，再填写成绩表。

评分项目	分值	得分	等级	评语	评分人
孝敬老人能力	10				
姊妹互助能力	20				
家庭安全能力	10				
家庭环境能力	15				
勤俭持家能力	15				
家务劳动能力	20				

养成活动十　家庭责任主题实践

流程一　按下列要求确定团队负责人

1. 平时能积极参与学校(学院)的社会实践活动;
2. 遵章守纪,在校期间无任何违法乱纪记录,成绩优良;
3. 有较好的组织领导能力,善于与人沟通。

流程二　按以下要求组团

1. 团队成员数为6人;
2. 选取孝敬老人、姊妹互助、家庭安全、家庭环境、勤俭持家、家务劳动一个方面,确定实践主题;
3. 向学院申报,经审批确认为家庭责任文化实践团队后方可进行相关实践活动;
4. 上交团队项目申报表,附活动策划书、安全预案和实践单位或个人接待回执;
5. 按队长、组织策划、外联、媒体联系、项目宣传、拍摄记录、博客发帖、财务管理、生活管理、安全管理等角色进行分工。

流程三　按以下要求聘请指导老师

1. 在辅导员、班主任、专业老师等在职老师中聘请。
2. 指导老师应承诺对实践团队的选题、组织、实践成果整理完成等方面进行指导,关心学生在实践过程中的安全状况。

流程四　按以下要求撰写实践方案

1. 实践主题定位;
2. 实践对象选择;
3. 实践目标确定;
4. 实践项目设计;
5. 实践团队分工;
6. 实践行程安排;
7. 团队设备配置与管理;
8. 团队财务预算与管理;

9. 团队生活安排与管理；

10. 团队安全预案与管理；

11. 赞助商与奖品管理。

流程五　组织实践能力培训活动，做好实践前的各项准备工作

1. 根据实践主题进行角色分工；

2. 明确每个角色应具备的知识、技能和态度；

3. 通过角色扮演进行能力演练。

流程六　团队安全培训

1. 财产和家庭安全教育；

2. 明确不可抗力突发事件应对措施；

3. 通过角色扮演进行安全应对演练。

流程七　团队宣传

1. 联系相关媒体；

2. 挖掘新闻材料，反映实践成果；

3. 将宣传稿及相关媒体报道情况反馈学校。

流程八　了解实践报告的结构

1. 题目：简洁明了，通过精练的语言把实践活动的内容和特点明确概括出来。字数要适当，不宜超过 20 个字。可以设副标题。

2. 学院及作者名称：在论文题目下方注明，学院名称应用全称。

3. 摘要：概括实践活动中得到的基本观点、实践方法、取得的成果和结论，字数以 200 字左右为宜，包括：摘要正文和关键词。

4. 正文：包括实践活动的目的意义、相关背景、时间、地点、人员、调查手段，以及对实践活动中得到的结论的详细叙述。要有新观点、新思路；坚持理论联系实际，对实际工作有指导作用和借鉴作用，能提出建设性的意见和建议；报告内容观点鲜明，重点突出，结构合理，条理清晰，文字通畅、精炼。字数一般控制在 8000 字左右。

5. 参考文献：反映调查报告的取材来源、材料的广博程度和材料的可靠程度。

6. 附录：某些不宜放在正文中，但又具有参考价值的内容，可以编入附录中。

流程九　主题实践活动实操

学习路径提示：

1. 在组长主持下按分工实施主题实践活动。

2. 项目助理做好每个活动环节的观测记录。

流程十 团队成员撰写主题实践活动总结

学习路径提示：

1. 回顾完成分管工作的过程和体会。
2. 团队成员帮助完善实践活动回顾。
3. 整理回顾活动材料撰写个人总结。

流程十一 项目组长按下列要求撰写实践报告

1. 通过回答为什么写实践报告，思考并用简洁的文字概括报告主题。

2. 围绕主题收集资料：通过实地调查、社会实践或实习等渠道获得；从校内外图书馆、资料室已有的资料中查找。

3. 拟订提纲：根据调查报告主题的需要拟订结构框架和体系。在起草论文提纲后，可请指导教师审阅修改。

4. 起草：在起草时应尽量做到纲举目张、顺理成章、详略得当、井然有序。

5. 修改、定稿：改正草稿中的缺点或错误，在反复推敲修改后，才能定稿。

流程十二 主题实践报告评分

学习路径提示：

1. 学习实践活动考核标准。

责任文化素质养成实践活动考评表

内容标准			评价标准			等级标准		
序	项目	考评材料	考评内容	分值	主要观测点	初级	中级	高级
	选题与设计	开题报告	主题贴近度	2	问题贴近度 目标贴近度 任务贴近度	5	7	9
			发展贴近度	2	挑战性 自主性 才能发挥			
			个性贴近度	2	个人兴趣贴近度 个人性格贴近度 个人特长贴近度			
			能力覆盖面	2	知识覆盖面 能力覆盖面			
			设计水平	2	内容完整性 形式逻辑性 文本规范性			

续 表

内容标准				评价标准		等级标准		
序	项目	考评材料	考评内容	分值	主要观测点	初级	中级	高级
	素质水平	素质观测	责任认知	4	明确责任目标 明确责任路径	5	7	9
			责任能力	3	运用责任行动方法 责任行动效果明显			
			责任态度	3	积极主动 认真细致 坚持经常			
	执行过程与方法	行动计划	思路创意过程与方法	15	思路创意建构的组织形式、操作活动、方法技巧	20	28	36
		实践活动总结	组织实施过程与方法	10	组织实施方案制订的组织形式、操作活动、方法技巧			
		实施过程观测	能力形成过程与方法	15	能力表现形式、活动执行、方法技巧			
	成果与效益	实践活动报告	质量	10	科学性体现 创新性体现 实用性体现	15	21	27
	成果与效益	实践活动报告	数量	10	工作量数量 独立完成情况 合作完成情况			
			价值	10	促进就业价值 职业发展价值 个性发展价值			
	答辩与表现	答辩陈述 答辩记录	答案正确性	4	要素完整状况 符合规律状况 逻辑性状况	5	7	9
			表达清晰度	3	语句流畅性状况 用词准确性状况 层次清晰度状况			
			内容深浅度	3	符合要求状况 达到水准状况 富有创意状况			

1. 各组推荐质检员组成班级考核小组。
2. 指导教师宣布汇报顺序。
3. 考核组长主持汇报和考核。
4. 各团队按次序汇报。
5. 评委逐个亮分，项目助理统计分数并填写积分表。

项目团队	评分项目	成绩	等级	评分依据
项目组长姓名	选题与设计 能力水平 执行过程与方法 成果与效益 答辩与表现			
项目助理姓名	选题与设计 能力水平 执行过程与方法 成果与效益 答辩与表现			
团队成员姓名	选题与设计 能力水平 执行过程与方法 成果与效益 答辩与表现			
团队成员姓名	选题与设计 能力条件准备 执行过程与方法 成果与效益 答辩与表现			
团队成员姓名	选题与设计 能力水平 执行过程与方法 成果与效益 答辩与表现			
团队成员姓名	选题与设计 能力水平 执行过程与方法 成果与效益 答辩与表现			
团队成绩		团队等级		评分依据：
优化建议				

评分人签字：　　　　　　　　　　　　　　　　　　　　　　测评组长签字：

附件:单元计分表

项目团队	评分项目	单项分数							总分
	团队组建	一号	二号	三号	四号	五号	六号		
	活动策划								
	责任认知								
	责任调研								
	责任反思								
	责任担当								
	责任辩论								
	责任训练								
	责任实践								
	团队组建								
	活动策划								
	责任认知								
	责任调研								
	责任反思								
	责任担当								
	责任辩论								
	责任训练								
	责任实践								
	团队组建								
	活动策划								
	责任认知								
	责任调研								
	责任反思								
	责任担当								
	责任辩论								
	责任训练								
	责任实践								

续 表

项目团队	评分项目	单项分数							总分
	团队组建								
	活动策划								
	责任认知								
	责任调研								
	责任反思								
	责任担当								
	责任辩论								
	责任训练								
	责任实践								
	团队组建								
	活动策划								
	责任认知								
	责任调研								
	责任反思								
	责任担当								
	责任辩论								
	责任训练								
	责任实践								
	团队组建								
	活动策划								
	责任认知								
	责任调研								
	责任反思								
	责任担当								
	责任辩论								
	责任训练								
	责任实践								

续 表

项目团队	评分项目	单项分数							总分
	团队组建								
	活动策划								
	责任认知								
	责任调研								
	责任反思								
	责任担当								
	责任辩论								
	责任训练								
	责任实践								
个人总成绩									
团队总成绩									

第三单元

集体责任文化素质养成

课前寄语：人类是群体动物，自从盘古开天地，人类依靠集体的力量不断抵御自然、改造自然，战胜社会邪恶势力，才创造了我们赖以生存发展的人类文明；个人只有在群体中才能生存、发展，实现人生价值，对集体负责，集体才能给你发展的机遇和空间，给你成功的荣誉和尊严。让我们一起参与、体验和实践集体建设、集体维护、集体发展、集体生活、集体活动吧！

养成活动一　了解养成任务项目

流程一　阅读下表了解本单元信息

单元名称：集体责任文化素质养成								
授课班级		略	上课时间	略	课时		上课地点	略
养成目标	能力目标				素养目标			
	通过集体责任文化素质养成活动，培养集体建设、集体维护、集体发展、集体生活、集体活动能力。				通过集体责任文化素质养成活动，树立集体责任感，培养集体主义精神。			
养成项目与案例	训练项目				相关案例			
	任务1：集体责任文化素质活动策划 任务2：集体责任文化素质调研 任务3：集体责任文化素质认知				《集体责任文化素质调研报告》 《集体责任文化知识与案例手册》 《集体责任文化素质反思精选》			

续　表

养成项目与案例	训练项目	相关案例
	任务4:集体责任文化素质反思 任务5:集体责任担当 任务6:集体责任文化素质辩论 任务7:集体责任能力训练 任务8:集体责任文化素质主题实践	《集体责任文化素质活动策划书》 《集体责任能力训练手册》 《集体责任状》 《集体责任文化辩论赛策划书》 《集体责任文化素质主题实践活动报告》
基础能力要求	知识储备要求	基本技能要求
	1. 了解集体责任文化知识; 2. 了解集体责任行为方式; 3. 活动质量效果评价方法	信息查询技能;团队合作、组织管理技能。
考核评价重点		考核评价难点
集体责任意识和能力		集体责任意识向集体责任能力迁移

说明:本表属于《单元学习信息》通用模板,同学们按照指导教师的安排,根据所属专业确定具体专业方向。

流程二　通过自学掌握本单元学习信息

学习路径提示:你是否理解上述学习信息,把不理解的疑问写出来,然后通过网上查询,向老师、同学求教,排除你的疑问。

养成活动二　素质养成团队组建

流程一　责任文化素质养成团队组建

学习路径提示:

1. 全班同学自愿报名产生集体责任文化素质养成团队组长候选人。

2. 通过竞聘产生若干集体责任文化素质养成团队组长。

3. 项目组长与全班同学自由组合,按6人一组产生学习团队。

4. 项目组内通过协商、竞聘产生学习团队成员岗位角色,包括集体责任文化素质信息助理、集体责任文化素质传播助理、集体责任文化素质训练助理、集体责任文化素质评价助理、集体责任文化素质竞赛助理。

5. 项目组内通过协商,确定每个团队成员的岗位职能和职责。

流程二 填写下表

团队名称				
团队结构	岗位	姓名	职业特长	本项目职责职能
	项目组长			活动策划主持
	信息助理			知识案例查询
	传播助理			辅助交流、辩论、讲评
	训练助理			辅助能力训练
	竞赛助理			辅助竞赛
	评价助理			辅助素质观测

流程三 上交集体责任文化素质养成团队组建表

学习路径提示：按上交表格先后和填写质量，讲评并确定团队组建成绩。

流程四 组长宣布集体责任文化素质养成团队组建结果

学习路径提示：按礼仪、表达讲评并确定团队组建成绩。

养成活动三 素质养成活动策划

流程一 活动创意策划

学习路径：

1. 填写下表，组建策划工作团队。

认知策划团队

团队名称				
岗位	姓名	职业特长	职责职能	工作任务
项目助理				
认知知识信息策划员				
方法知识信息策划员				
行动知识信息策划员				
文化知识信息策划员				
态度知识信息策划员				
文字编辑员				
美术编辑员				

反思策划团队

团队名称				
岗位	姓名	职业特长	职责职能	工作任务
项目组长				
认知反思策划				
行动反思策划				
态度反思策划				
价值反思策划				
文本撰写策划				
反思交流策划				
文本编辑策划				

担当策划团队

团队名称				
岗位	姓名	职业特长	职责职能	工作任务
项目组长				
责任目标策划 1				
责任目标策划 2				
责任要求策划 1				
责任要求策划 2				
责任状撰写策划				
责任状编辑策划				
责任担当仪式策划				

辩论策划团队

团队名称				
岗位	姓名	职业特长	职责职能	工作任务
项目组长				
论点策划				
论据策划				
论证策划				
活动策划				
分工策划				
策划书撰写策划				

训练策划团队

团队名称				
岗位	姓名	职业特长	职责职能	工作任务
项目组长				
集体建设能力训练策划				
集体维护能力训练策划				
集体发展能力训练策划				
集体生活能力训练策划				
集体活动能力训练策划				

实践策划团队

团队名称				
岗位	姓名	职业特长	职责职能	工作任务
项目组长				
集体建设行动策划				
集体维护行动策划				
集体发展行动策划				
集体生活行动策划				
集体活动行动策划				

2. 各团队讨论以下问题，撰写策划书。

(1)所选活动主题的含义是什么，包括哪些方面？

(2)为什么要组织这项活动，最终要达到什么目的？

(3)活动安排在什么时间，什么地点？

(4)活动分几个阶段、几个项目，每个项目有哪些任务？为什么这样设置？

(5)每个活动项目任务通过哪些途径完成？

(6)每项活动项目任务由谁负责？谁配合做哪些辅助工作？

(7)活动有哪些预期成果，谁负责撰写提供？

(8)活动需要配置哪些器材，谁负责准备？

3. 策划书撰写要求。

策划书题目要求：《×××团队集体责任文化素质实践活动策划方案》。

策划书结构要求：

(1)活动背景与活动意义。

(2)主题概念界定与目的。

(3)活动项目与任务定位。

(4)活动路径与方法选择。

(5)活动日程与具体安排。

(6)活动预期成果与责任。

流程二　策划书交流考核

学习路径提示：

1. 项目组长主持，在团队内部交流策划书，项目助理记录。

2. 根据讨论结果项目组长修改策划书。

3. 项目组长主持，两个团队交叉评价策划书，项目助理记录。

4. 组长说明评分标准，分解评分项目，将评分结果填入成绩表。

评分项目	分值	得分	等级	评语	评分人
活动目标任务明确性	10				
活动过程设计完整性	20				
活动项目任务落实性	20				
活动日程安排合理性	20				
活动路径设计得当性	10				
活动预期成果有创意	10				
文本语言运用水平	10				

养成活动四　集体责任素质调研

流程一　调研准备

学习路径提示：

1. 在集体建设、集体维护、集体发展、集体生活、集体活动五个主题中任选一个，作为本团队调研主题。

2. 在本班级范围内，通过抽签确定两个团队互为调研对象。

3. 项目组长主持，回答下列问题，讨论调研活动安排，项目组长记录。

(1)所选调研主题的含义是什么，包括哪些方面？

(2)为什么要调研这个主题，最终要达到什么目的？

(3)调研对象在什么时间，什么地点接受你的调研？

(4)调研分几个项目,每个项目有哪些调研任务?为什么这样设置?
(5)每个调研项目任务通过哪些途径调查?
(6)每个调研项目任务通过什么方法分析?
(7)每项调查项目任务由谁负责?谁配合做哪些辅助工作?
(8)调查获得的材料由谁来整理,谁负责分析?
(9)调研预期有哪些成果,谁负责撰写提供?
(10)调查问卷制作有哪些要求?谁负责制作?
(11)调查座谈提纲有哪些要求,谁负责拟写?
(12)调查器材需要配置哪些器材,谁负责准备?
(13)调查材料分析用什么统计分析方式?
(14)调查材料从哪些角度分析,用什么理论?
(15)每项调研项目任务的时间地点安排。
4. 项目组长整理讨论结果,撰写调研方案。
题目:《×××团队集体责任素质调研方案》。
结构:
(1)调研主题概念的界定。
(2)调研目的与意义阐释。
(3)调研项目与任务定位。
(4)调研路径与方法选择。
(5)调研活动日程与安排。
(6)调研预期成果与责任。

流程二 调查实操

学习路径提示:按调研方案安排,通过下列途径完成调查工作。
1. 图书文献调查。
2. 网络信息调查。
3. 现场观测调查。
4. 问卷发放调查。
5. 座谈讨论调查。

流程三 分析实操

学习路径提示:按调研方案安排,通过下列途径完成调查材料分析工作。
1. 调查材料甄别。
2. 调查材料分类。
3. 调查数据统计。

4. 调查材料定性。

5. 提出调研结论。

流程四　调研报告撰写

学习路径提示：

1. 题目:《×××团队集体责任文化素质调研报告》。

2. 结构：

(1)调研背景与意义。

(2)调研目标与任务。

(3)调研对象的选择。

(4)调研过程与方法。

(5)调查获得的材料。

(6)分析获得的认识。

(7)调研取得的结论。

(8)提出的有关建议。

流程五　团队合作报告撰写

学习路径提示：

1. 项目组长主持总结调研团队合作表现,每个成员发言,项目助理记录。

2. 总结的内容包括：

(1)承担的项目任务与完成情况；

(2)完成项目任务的具体过程；

(3)完成项目任务的工作态度；

(4)完成项目任务的具体做法；

(5)与团队其他成员的配合如何?

(6)获得了哪些经验体会?

3. 项目组长根据团队成员发言,撰写《×××集体责任素质调研团队合作报告》。

结构：

(1)团队组建背景与目的。

(2)团队的工作目标任务。

(4)团队合作过程与方法。

(5)团队合作态度与表现。

(6)团队合作经验与体会。

(7)团队合作问题与建议。

流程六 调研成果交流考核

学习路径提示：

1. 项目组长主持，在团队内部讨论《×××团队集体责任素质调研报告》，项目助理记录。

2. 根据讨论结果项目组长修改《×××团队集体责任素质调研报告》。

3. 项目组长主持，两个团队交叉评价《×××团队集体责任素质调研报告》。项目助理记录。

4. 组长说明评分标准，分解评分项目，将评分结果填入成绩表。

评分项目	分值	得分	等级	评语	评分人
目标的明确性	10				
过程的完整性	20				
内容的充实性	20				
方法的得当性	20				
观点的正确性	10				
结论的正确性	10				
语言运用水平	10				

流程七 团队合作交流考核

学习路径提示：

1. 项目组长主持，团队内部讨论《×××团队集体责任素质调研团队合作报告》，项目助理记录。

2. 根据讨论结果项目组长修改《×××团队集体责任素质调研报告》。

3. 项目组长主持，两个团队交叉评价《×××团队集体责任素质调研报告》。项目助理记录。

4. 组长说明评分标准，分解评分项目，将评分结果填入成绩表。

评分项目	分值	得分	等级	评语	评分人
团队组建背景与目的	10				
团队的工作目标任务	20				
团队合作过程与方法	20				
团队合作态度与表现	20				
团队合作经验与体会	10				
团队合作问题与建议	10				

养成活动五　集体责任文化认知

流程一　集体责任文化信息搜索团队组建

学习路径提示：

1. 各养成团队信息助理按下表分工，确定团队成员项目任务。

流程二　职业人类责任文化信息搜索团队组建

学习路径提示：

1. 各养成团队信息助理按下表分工，确定团队成员项目任务。

团队名称				
岗位	姓名	职业特长	职责职能	工作任务
信息助理				
认知知识信息员				
方法知识信息员				
行动知识信息员				
文化知识信息员				
态度知识信息员				
文字编辑员				
美术编辑员				

2. 信息员按职责任务搜索集体责任文化信息。
3. 文字编辑、美术编辑编辑《集体责任文化信息手册》。
4.《集体责任文化信息手册》编辑提示。

封面：主编、文字编辑、美术编辑，编者。

目录

前言

第一章　集体责任认知知识举要

　　第一节　集体建设认知知识

　　第二节　集体维护认知知识

　　第三节　集体发展认知知识

　　第四节　集体生活认知知识

流程三　集体责任文化信息交流

学习路径提示：

1. 传播助理主持养成团队内部交流。
2. 文化传播团队主持全班交流。

流程四　集体责任文化认知测评

学习路径提示

1. 测评助理养成团队交叉测评。

2. 素质观测团队分团队测评。

3. 测评主要依据是《集体责任文化信息手册》编写质量等级。

流程五　集体责任认知评分

学习路径提示：

1. 评分方式：通过抽签确定交叉评分对象。

2. 按下列评分标准与成绩表操作。

评分项目	分值	得分	等级	评语	评分人
封面设计水平	10				
内容的完整性	30				
内容的正确性	30				
内容的艺术性	10				
文字编辑水平	10				
美术编辑水平	10				

养成活动六　集体责任素质反思

流程一　集体责任思考

学习路径提示：

1. 树标杆，谈认识：选择一个自己在集体责任素质方面最佩服的人，从集体建设、集体维护、集体发展、集体生活、集体活动等方面。分析他的集体责任文化素质知识与技能水平、行为与态度表现、价值与情感取向、理想与境界。

2. 找差距，查原因：对照自己最佩服的人集体责任素质，从集体建设、集体维护、集体发展、集体生活、集体活动等方面，分析自己集体责任文化素质在知识与技能水平、行为与态度表现、价值与情感取向、理想与境界层次等存在的不足，并举例说明。在上述基础上从社会、家庭和自身三个方面分析自己的集体责任素质为什么有许多好好的素质，为什么存在这些不足。

3. 明目标，定措施：根据上述分析结果，确立自己集体责任文化素质养成的具体目标，然后说明自己准备通过哪些措施实现自己确定的文化素质养成目标。

流程二　撰写反思评价报告

学习路径提示：

1. 整理上述反思与评价内容，根据《集体责任文化素质反思策划书》，以《集体责任文化素质反思》为题，撰写集体责任反思与评价报告。

2. 可参考以下提示安排结构，撰写提纲。

(1)联系优秀人物谈自己对集体责任的理解与认识，包括内涵、意义价值、成长规律与原因。

(2)对照优秀人物的优秀品质谈自己集体责任的优点与不足。

(3)分析自己集体责任优点与不足的原因。

(4)根据优秀人物的成长过程和规律，确定自己的集体责任提升目标与措施。

四个部分的小标题，通过概括上述四个内容确定。每个小标题要写出观点和案例。

流程三　反思策划团队编辑《集体责任文化素质反思精选》

流程四　集体责任文化素质反思交流

学习路径提示：

1. 团队项目组长主持，在团队内部交流《集体责任文化素质反思》。

2. 各团队推选 1 篇优秀作品在全班交流。

流程五　集体责任文化素质反思评分

学习路径提示：

1. 个人作品评分：先通过抽签确定交叉评分对象，然后交叉评分，再填写成绩表。

评分项目	分值	得分	等级	评语	评分人
主题的明确性	15				
结构的完整性	30				
内容的正确性	10				
内容的丰富性	30				
语言运用水平	15				

2. 团队作品评分：先通过抽签确定交叉评分对象，然后交叉评分，再填写成绩表。

评分项目	分值	得分	等级	评语	评分人
封面设计水平	10				
内容的完整性	30				
内容的正确性	30				
内容的艺术性	10				
文字编辑水平	10				
美术编辑水平	10				

养成活动七　集体责任素质辩论

流程一　选择论辩题目并确定正反方

学习路径提示：

1. 各团队论辩题目在下列选题中抽取。

(1)集体与责任密不可分。

(2)集体的责任在于奉献。

(3)集体的责任在于担当。

(4)集体的责任在于关爱。

(5)集体的责任在于行动。

(6)集体的责任在于执行。

(7)集体的责任在于弥补。

(8)集体的责任在和谐美。

2. 各团队自愿结对，两个团队互为正反方。

流程二　正反方团队共同做好辩论前准备

学习路径提示：

1. 正反方团队内部分工。

(1)一辩手负责立论陈词，即明确本方论点，界定阐释论题关键词；说明对方论点的错误，从关键词角度说明对方论点的错误。

(2)二辩手负责正面论证，即从正面论证本方论点的正确性，批驳对方论点的正确性。

(3)三辩手负责反面论证，即从反面论证本方论点的正确性，批驳对方论点的正确性。

(4)四辩手负责归纳总结，即概括说明前三个辩手的观点和论证过程，阐释最后的结论。

2. 正反方共同讨论《辩论赛活动策划书》。

3. 正反方共同讨论《辩论赛活动与规则》。

4. 正反方团队成员按角色进行赛前演练。

流程三 集体责任辩论赛

学习路径提示：

1. 指导教师陈词。

2. 辩论正式开始。

3. 指导教师点评。

4. 评价团队按以下标准评分。

个人评分标准

个人得分（100分）	语言表达	1. 普通话标准、语速适中； 2. 语调平仄合理； 3. 口头、肢体语言和谐； 4. 修辞得当、表达合理； 5. 表达流畅、说理透彻。	20分
	逻辑推理	1. 逻辑推理过程清晰； 2. 论证结果合理、有力； 3. 善于处理逻辑难点。	20分
	辩驳能力	1. 提问简明扼要； 2. 设问针对性强、火力强劲； 3. 回答问题精准、处理问题有技巧（攻、守、避合理）； 4. 反驳有理有据、论证有力； 5. 引用实例恰当。	20分
	临场反应	1. 反应敏捷； 2. 用语得体； 3. 技巧多元得当。	15分
	整体意识	1. 分工合理、协调一致； 2. 衔接有序、互为攻守； 3. 自由辩论错落有致； 4. 气氛调节有度。	15分
	综合印象	1. 仪态、着装合理； 2. 台风与辩风； 3. 有风度及幽默感； 4. 尊重对方辩友、评委和观众。	10分

团队评分标准

团体得分（300分）	立论陈词	1. 开篇立论逻辑清晰，言简意赅； 2. 论点明晰，论据充足，分析透彻，引证有力； 3. 论据内容丰富，引用资料充分恰当、准确； 4. 分析的角度和层次具有说服力和逻辑性； 5. 语言表达流畅、有文采。	30分
	对辩辩驳	1. 表达清晰、论证合理而有力； 2. 回答问题精准、处理问题有技巧（攻、守、避合理）； 3. 推理过程合乎逻辑，事实引用得当； 4. 针对性强，有理有据。	40分
	攻辩小结	1. 全面归纳对方的矛盾与差错，并作系统的反驳和攻击； 2. 提问简明，击中要害； 3. 辩护有理有据及有力，说服力强。	20分
	自由辩论	1. 攻防转换有序，把握论辩主动权； 2. 针对对方的论点、论据进行有力反驳。 3. 坚守并能进一步巩固、扩大阵地；	60分
	回答提问	根据辩论队的整体形象，从整体配合、语言运用、临场反应（语言、风度、举止、表情）等方面评分。	20分
	总结陈词	全面总结本方的立场、论证，系统反驳对方的进攻，为本方辩护；语言表达具有说服力和逻辑性。	30分
	语言风度	1. 用词得当、流畅； 2. 语调抑扬顿挫、语速适中； 3. 表达清晰、层次清楚，逻辑严密。	50分
	团队配合及临场反应	根据辩论队的整体形象，从辩风、整体配合、语言运用、临场反应（语言、风度、举止、表情）等方面评分；有团队精神，相互支持；论辩衔接流畅；反应敏捷，应对能力强；问答形成一个有机整体，有效地打击对方。	50分

5. 填写评分表

团队名称	一辩得分	二辩得分	三辩得分	四辩得分	团体平均分	总分	测评员

养成活动八　集体责任行为担当

流程一　按下表填写集体责任状

×××在宁波城市职业技术学院学习期间集体责任状

责任方(学生个人):
指导方(辅导员):
监督方(同班同学):
监管方(学院领导):

为打造爱心校园、平安校园,使每一个学生在相互关爱中成长,安全健康地成长,签订本责任状。

一、责任方职责行为目标与要求

1. 集体建设责任行为目标与要求;
2. 集体维护责任行为目标与要求;
3. 集体发展责任行为目标与要求;
4. 集体生活责任行为目标与要求;
5. 集体活动责任行为目标与要求。

二、指导方职责行为目标与要求

1. 集体建设责任行为指导目标与要求;
2. 集体维护责任行为指导目标与要求;
3. 集体发展责任行为指导目标与要求;
4. 集体活动责任行为指导目标与要求;
5. 集体生活责任指导行为目标与要求。

三、监督方职责

1. 集体建设责任行为监督目标与要求;
2. 集体维护责任行为监督目标与要求;
3. 集体发展责任行为监督目标与要求;
4. 集体活动责任行为监督目标与要求;
5. 集体生活责任行为监督目标与要求。

四、监管方职责

1. 集体责任监管奖惩办法;

2. 集体责任监管实施办法。

五、附则：

本责任状双方签字后生效，执行日期自××年××月××日至××年××月××日。

责任方签字：

指导方签字：

监护方签字：

监督方签字：

监管方签字：

流程二 集体责任状签字仪式

流程三 组长主持小组内交流集体责任状

流程四 集体责任状评分

学习路径提示：

先通过抽签确定交叉评分对象，然后交叉评分，再填写成绩表。

评分项目	分值	得分	等级	评语	评分人
主题的明确性	15				
结构的完整性	30				
内容的正确性	10				
内容的丰富性	30				
语言运用水平	15				

养成活动九 集体责任能力训练

流程一 集体责任能力团队组建

学习路径提示：每个团队按下表分工确定团队成员项目任务：

团队名称				
岗位	姓名	职业特长	职责职能	工作任务
训练助理				
知识认知训练员				
行动认知训练员				
态度表现训练员				
问题解决训练员				
训练管理员				
文字编辑员				
美术编辑员				

流程二　编写训练手册

学习路径提示：

1. 按团队分工编写训练手册。
2. 团队内部交流修改训练手册。
3. 文字编辑、美术编辑编辑《家庭责任能力训练手册》。

《家庭责任能力训练手册》提纲：

封面设计

前言

目录

第一章　集体建设责任能力训练

第一节　知识认知训练

训练流程一：明确训练目标

训练流程二：分解训练任务

训练流程三：完成训练准备

训练流程四：实施训练实操

训练流程五：训练效果评估

第二节　行动认知训练

训练流程一：明确训练目标

训练流程二：分解训练任务

训练流程三：完成训练准备

训练流程四：实施训练实操

训练流程五：训练效果评估

训练流程一：明确训练目标
训练流程二：分解训练任务
训练流程三：完成训练准备
训练流程四：实施训练实操
训练流程五：训练效果评估

第三节　态度表现训练

训练流程一：明确训练目标
训练流程二：分解训练任务
训练流程三：完成训练准备
训练流程四：实施训练实操
训练流程五：训练效果评估

第四节　问题解决训练

训练流程一：明确训练目标
训练流程二：分解训练任务
训练流程三：完成训练准备
训练流程四：实施训练实操
训练流程五：训练效果评估

后记

流程三　训练手册编写质量评比

学习路径提示：先通过抽签确定交叉评分对象，然后交叉评分，再填写成绩表。

评分项目	分值	得分	等级	评语	评分人
封面设计水平	10				
内容的完整性	30				
内容的正确性	30				
内容的艺术性	10				
文字编辑水平	10				
美术编辑水平	10				

流程四　家庭责任能力训练

学习路径提示：按训练手册，借助网络学习资源平台训练。

流程五　家庭责任能力测评

学习路径提示：先通过抽签确定交叉评分对象，然后交叉评分，再填写成绩表。

评分项目	分值	得分	等级	评语	评分人
集体建设能力	15				
集体维护能力	15				
集体发展能力	15				
集体活动能力	15				
集体生活能力	15				

养成活动十　集体责任主题实践

流程一　按下列要求确定团队负责人

1. 平时能积极参与学校(学院)的社会实践活动；
2. 遵章守纪，在校期间无任何违法乱纪记录，成绩优良；
3. 有较好的组织领导能力，善于与人沟通。

流程二　按以下要求组团

1. 团队成员数为6人；
2. 选取集体建设、集体维护、集体发展、集体生活、集体活动一个方面，确定实践主题；
3. 向学院申报，经审批确认为集体责任文化实践团队后方可进行相关实践活动；
4. 上交团队项目申报表，附活动策划书、安全预案和实践单位或个人接待回执；
5. 按队长、组织策划、外联、媒体联系、项目宣传、拍摄记录、博客发帖、财务管理、生活管理、安全管理等角色进行分工。

流程三　按以下要求聘请指导老师

1. 在辅导员、班主任、专业老师等在职老师中聘请。
2. 指导老师应承诺对实践团队的选题、组织、实践成果整理完成等方面进行指导，关心学生在实践过程中的安全状况。

流程四　按以下要求撰写实践方案

1. 实践主题定位；
2. 实践对象选择；
3. 实践目标确定；
4. 实践项目设计；
5. 实践团队分工；
6. 实践行程安排；
7. 团队设备配置与管理
8. 团队财务预算与管理；
9. 团队生活安排与管理；
10. 团队安全预案与管理；
11. 赞助商与奖品管理。

流程五　组织实践能力培训活动，做好实践前的各项准备工作

1. 根据实践主题进行角色分工；
2. 明确每个角色应具备的知识、技能和态度；
3. 通过角色扮演进行能力演练。

流程六　团队安全培训

1. 财产和集体安全教育；
2. 明确不可抗力突发事件应对措施；
3. 通过角色扮演进行安全应对演练。

流程七　团队宣传

1. 联系相关媒体；
2. 挖掘新闻材料，反映实践成果；
3. 将宣传稿及相关媒体报道情况反馈学校。

流程八　了解实践报告的结构

1. 题目：简洁明了，通过精练的语言把实践活动的内容和特点明确概括出来。字数要适当，不宜超过 20 个字。可以设副标题。

2. 学院及作者名称：在论文题目下方注明，学院名称应用全称。

3. 摘要：概括实践活动中得到的基本观点、实践方法、取得的成果和结论，字

数以200字左右为宜,包括:摘要正文和关键词。

4. 正文:包括实践活动的目的意义、相关背景、时间、地点、人员、调查手段,以及对实践活动中得到的结论的详细叙述。要有新观点、新思路;坚持理论联系实际,对实际工作有指导作用和借鉴作用,能提出建设性的意见和建议;报告内容观点鲜明,重点突出,结构合理,条理清晰,文字通畅、精炼。字数一般控制在8000字左右。

5. 参考文献:反映调查报告的取材来源、材料的广博程度和材料的可靠程度。

6. 附录:某些不宜放在正文中,但又具有参考价值的内容,可以编入附录中。

流程九 主题实践活动实操

学习路径提示:

1. 在组长主持下按分工实施主题实践活动。
2. 项目助理做好每个活动环节的观测记录。

流程十 团队成员撰写主题实践活动总结

学习路径提示:

1. 回顾完成分管工作的过程和体会。
2. 团队成员帮助完善实践活动回顾。
3. 整理回顾活动材料撰写个人总结。

流程十一 项目组长按下列要求撰写实践报告

1. 通过回答为什么写实践报告,思考并用简洁的文字概括报告主题。

2. 围绕主题收集资料:通过实地调查、社会实践或实习等渠道获得;从校内外图书馆、资料室已有的资料中查找。

3. 拟订提纲:根据调查报告主题的需要拟订结构框架和体系。在起草论文提纲后,可请指导教师审阅修改。

4. 起草:在起草时应尽量做到纲举目张、顺理成章、详略得当、井然有序。

5. 修改、定稿:改正草稿中的缺点或错误,在反复推敲修改后,才能定稿。

流程十二 主题实践报告评分

学习路径提示:

1. 学习实践活动考核标准。

责任文化素质养成实践活动考评表

内容标准				评价标准		等级标准		
序	项目	考评材料	考评内容	分值	主要观测点	初级	中级	高级
	选题与设计	开题报告	主题贴近度	2	问题贴近度 目标贴近度 任务贴近度	5	7	9
			发展贴近度	2	挑战性 自主性 才能发挥			
			个性贴近度	2	个人兴趣贴近度 个人性格贴近度 个人特长贴近度			
			能力覆盖面	2	知识覆盖面 能力覆盖面			
			设计水平	2	内容完整性 形式逻辑性 文本规范性			
	素质水平	素质观测	责任认知	4	明确责任目标 明确责任路径	5	7	9
			责任能力	3	运用责任行动方法 责任行动效果明显			
			责任态度	3	积极主动 认真细致 坚持经常			
	执行过程与方法	行动计划	思路创意过程与方法	15	思路创意建构的组织形式、操作活动、方法技巧	20	28	36
		实践活动总结	组织实施过程与方法	10	组织实施方案制订的组织形式、操作活动、方法技巧			
		实施过程观测	能力形成过程与方法	15	能力表现形式、活动执行、方法技巧			
	成果与效益	实践活动报告	质量	10	科学性体现 创新性体现 实用性体现	15	21	27
	成果与效益	实践活动报告	数量	10	工作量数量 独立完成情况 合作完成情况			
			价值	10	促进就业价值 职业发展价值 个性发展价值			

续 表

内容标准				评价标准		等级标准		
序	项目	考评材料	考评内容	分值	主要观测点	初级	中级	高级
	答辩与表现	答辩陈述 答辩记录	答案正确性	4	要素完整状况 符合规律状况 逻辑性状况	5	7	9
			表达清晰度	3	语句流畅性状况 用词准确性状况 层次清晰度状况			
			内容深浅度	3	符合要求状况 达到水准状况 富有创意状况			

2. 各组推荐质检员组成班级考核小组。

3. 指导教师宣布汇报顺序。

4. 考核组长主持汇报和考核。

5. 各团队按次序汇报。

6. 评委逐个亮分,项目助理统计分数并填写积分表。

项目团队	评分项目	成绩	等级	评分依据
项目组长姓名	选题与设计 能力水平 执行过程与方法 成果与效益 答辩与表现			
项目助理姓名	选题与设计 能力水平 执行过程与方法 成果与效益 答辩与表现			
团队成员姓名	选题与设计 能力水平 执行过程与方法 成果与效益 答辩与表现			
团队成员姓名	选题与设计 能力条件准备 执行过程与方法 成果与效益 答辩与表现			

续 表

项目团队	评分项目	成绩	等级	评分依据
团队成员姓名	选题与设计 能力水平 执行过程与方法 成果与效益 答辩与表现			
团队成员姓名	选题与设计 能力水平 执行过程与方法 成果与效益 答辩与表现			
团队成绩		团队等级		评分依据：
优化建议				

评分人签字： 测评组长签字：

附件:单元计分表

项目团队	评分项目	单项分数							总分
	团队组建	一号	二号	三号	四号	五号	六号		
	活动策划								
	责任认知								
	责任调研								
	责任反思								
	责任担当								
	责任辩论								
	责任训练								
	责任实践								
	团队组建								
	活动策划								
	责任认知								
	责任调研								
	责任反思								
	责任担当								
	责任辩论								
	责任训练								
	责任实践								

续 表

项目团队	评分项目	单项分数							总分
	团队组建								
	活动策划								
	责任认知								
	责任调研								
	责任反思								
	责任担当								
	责任辩论								
	责任训练								
	责任实践								
	团队组建								
	活动策划								
	责任认知								
	责任调研								
	责任反思								
	责任担当								
	责任辩论								
	责任训练								
	责任实践								
	团队组建								
	活动策划								
	责任认知								
	责任调研								
	责任反思								
	责任担当								
	责任辩论								
	责任训练								
	责任实践								

续　表

项目团队	评分项目	单项分数							总分
	团队组建								
	活动策划								
	责任认知								
	责任调研								
	责任反思								
	责任担当								
	责任辩论								
	责任训练								
	责任实践								
	团队组建								
	活动策划								
	责任认知								
	责任调研								
	责任反思								
	责任担当								
	责任辩论								
	责任训练								
	责任实践								
个人总成绩									
团队总成绩									

第四单元
同学责任文化素质养成

课前寄语：同学，是我们在学校学习、生活和活动的伙伴，也是我们未来工作、发展的宝贵资源。纯洁、无私，天长地久的同学情，是我们学习生涯最珍贵的财富。让我们一起参与、体验和实践同学之间的安全互助、学习互助、健康互助、思想互助、生活互助、才艺互助吧！

养成活动一　了解养成任务项目

流程一　阅读下表了解本单元信息

<table>
<tr><td colspan="5">单元名称：同学责任文化素质养成</td><td colspan="4"></td></tr>
<tr><td colspan="2">授课班级</td><td>略</td><td>上课时间</td><td>略</td><td>课时</td><td></td><td>上课地点</td><td>略</td></tr>
<tr><td rowspan="2">养成目标</td><td colspan="4">能力目标</td><td colspan="4">素养目标</td></tr>
<tr><td colspan="4">通过同学责任文化素质养成活动，培养安全互助、学习互助、健康互助、思想互助、生活互助、才艺互助能力。</td><td colspan="4">通过同学责任文化素质养成活动，培养团结互助和助人为乐精神。</td></tr>
<tr><td rowspan="2">养成项目与案例</td><td colspan="4">训练项目</td><td colspan="4">相关案例</td></tr>
<tr><td colspan="4">任务 1：同学责任文化素质活动策划
任务 2：同学责任文化素质调研
任务 3：同学责任文化素质认知</td><td colspan="4">《同学责任文化素质调研报告》
《同学责任文化知识与案例手册》
《同学责任文化素质反思精选》</td></tr>
</table>

续　表

养成项目与案例	训练项目	相关案例
	任务 4:同学责任文化素质反思 任务 5:同学责任担当 任务 6:同学责任文化素质辩论 任务 7:同学责任能力训练 任务 8:同学责任文化素质主题实践	《同学责任文化素质活动策划书》 《同学责任能力训练手册》 《同学责任状》 《同学责任文化辩论赛策划书》 《同学责任文化素质主题实践活动报告》
基础能力要求	知识储备要求	基本技能要求
	1. 了解同学责任文化知识； 2. 了解同学责任行为方式； 3. 活动质量效果评价方法。	信息查询技能；团队合作、组织管理技能。
考核评价重点		考核评价难点
同学责任意识和能力		同学责任意识向同学责任能力迁移

说明：本表属于《单元学习信息》通用模板，同学们按照指导教师的安排，根据所属专业确定具体专业方向。

流程二　通过自学掌握本单元学习信息

学习路径提示：你是否理解上述学习信息，把不理解的疑问写出来，然后通过网上查询，向老师、同学求教，排除你的疑问。

养成活动二　素质养成团队组建

流程一　责任文化素质养成团队组建

学习路径提示：

1. 全班同学自愿报名产生同学责任文化素质养成团队组长候选人。

2. 通过竞聘产生若干同学责任文化素质养成团队组长。

3. 项目组长与全班同学自由组合，按 6 人一组产生学习团队。

4. 项目组内通过协商、竞聘产生学习团队成员岗位角色，包括同学责任文化素质信息助理、同学责任文化素质传播助理、同学责任文化素质训练助理、同学责任文化素质评价助理、同学责任文化素质竞赛助理。

5. 项目组内通过协商，确定每个团队成员的岗位职能和职责。

流程二 填写下表

团队名称				
团队结构	岗位	姓名	职业特长	本项目职责职能
	项目组长			活动策划主持
	信息助理			知识案例查询
	传播助理			辅助交流、辩论、讲评
	训练助理			辅助能力训练
	竞赛助理			辅助竞赛
	评价助理			辅助素质观测

流程三 上交同学责任文化素质养成团队组建表

学习路径提示：按上交表格先后和填写质量，讲评并确定团队组建成绩。

流程四 组长宣布同学责任文化素质养成团队组建结果

学习路径提示：按礼仪、表达讲评并确定团队组建成绩。

养成活动三 素质养成活动策划

流程一 同学责任文化活动创意策划

学习路径：

1. 填写下表，组建工作团队。

认知策划团队

团队名称				
岗位	姓名	职业特长	职责职能	工作任务
项目助理				
认知知识信息策划员				
方法知识信息策划员				
行动知识信息策划员				
文化知识信息策划员				
态度知识信息策划员				
文字编辑员				
美术编辑员				

反思策划团队

团队名称				
岗位	姓名	职业特长	职责职能	工作任务
项目组长				
认知反思策划				
行动反思策划				
态度反思策划				
价值反思策划				
文本撰写策划				
反思交流策划				
文本编辑策划				

担当策划团队

团队名称				
岗位	姓名	职业特长	职责职能	工作任务
项目组长				
责任目标策划 1				
责任目标策划 2				
责任要求策划 1				
责任要求策划 2				
责任状撰写策划				
责任状编辑策划				
责任担当仪式策划				

辩论策划团队

团队名称				
岗位	姓名	职业特长	职责职能	工作任务
项目组长				
论点策划				
论据策划				
论证策划				
活动策划				
分工策划				
策划书撰写策划				

训练策划团队

团队名称				
岗位	姓名	职业特长	职责职能	工作任务
项目组长				
安全互助训练策划				
学习互助训练策划				
健康互助训练策划				
思想互助训练策划				
生活互助训练策划				
才艺互助训练策划				
爱心训练策划				

实践策划团队

团队名称				
岗位	姓名	职业特长	职责职能	工作任务
项目组长				
安全互助实践策划				
学习互助实践策划				
健康互助实践策划				
思想互助实践策划				
生活互助实践策划				
才艺互助实践策划				

2. 各团队讨论以下问题，撰写策划书。

(1)所选活动主题的含义是什么，包括哪些方面？

(2)为什么要组织这项活动，最终要达到什么目的？

(3)活动安排在什么时间，什么地点？

(4)活动分几个阶段、几个项目，每个项目有哪些任务？为什么这样设置？

(5)每个活动项目任务通过哪些途径完成？

(6)每项活动项目任务由谁负责？谁配合做哪些辅助工作？

(7)活动有哪些预期成果，谁负责撰写提供？

(8)活动需要配置哪些器材，谁负责准备？

3. 按策划书结构要求撰写策划书。

策划书题目:《×××团队同学责任文化素质实践活动策划方案》。

策划书结构：

(1)活动背景与活动意义。

(2)主题概念界定与目的。

(3)活动项目与任务定位。

(4)活动路径与方法选择。

(5)活动日程与具体安排。

(6)活动预期成果与责任。

流程二　策划书交流考核

学习路径提示：

1. 项目组长主持,在团队内部交流策划书,项目助理记录。

2. 根据讨论结果项目组长修改策划书。

3. 项目组长主持,两个团队交叉评价策划书,项目助理记录。

4. 组长说明评分标准,分解评分项目,将评分结果填入成绩表。

评分项目	分值	得分	等级	评语	评分人
活动目标任务明确性	10				
活动过程设计完整性	20				
活动项目任务落实性	20				
活动日程安排合理性	20				
活动路径设计得当性	10				
活动预期成果有创意	10				
文本语言运用水平	10				

养成活动四　同学责任素质调研

流程一　调研准备

学习路径提示：

1. 在安全互助、学习互助、健康互助、思想互助、生活互助、才艺互助六个主题中任选一个,作为本团队调研主题。

2. 在本班级范围内,通过抽签确定两个团队互为调研对象。

3. 项目组长主持，回答下列问题讨论调研活动安排，项目组长记录。

(1)所选调研主题的含义是什么，包括哪些方面？

(2)为什么要调研这个主题，最终要达到什么目的？

(3)调研对象在什么时间，什么地点接受你的调研？

(4)调研分几个项目，每个项目有哪些调研任务？为什么这样设置？

(5)每个调研项目任务通过哪些途径调查？

(6)每个调研项目任务通过什么方法分析？

(7)每项调查项目任务由谁负责？谁配合做哪些辅助工作？

(8)调查获得的材料由谁来整理，谁负责分析？

(9)调研预期有哪些成果，谁负责撰写提供？

(10)调查问卷制作有哪些要求？谁负责制作？

(11)调查座谈提纲有哪些要求，谁负责拟写？

(12)调查器材需要配置哪些器材，谁负责准备？

(13)调查材料分析用什么统计分析方式？

(14)调查材料从哪些角度分析，用什么理论？

(15)每项调研项目任务的时间地点安排。

4. 项目组长整理讨论结果，撰写调研方案。

题目：《×××团队同学责任素质调研方案》。

结构：

(1)调研主题概念界定。

(2)调研目的与意义阐释。

(3)调研项目与任务定位。

(4)调研路径与方法选择。

(5)调研活动日程与安排。

(6)调研预期成果与责任。

流程二　调查实操

学习路径提示：按调研方案安排，通过下列途径完成调查工作。

1. 图书文献调查。

2. 网络信息调查。

3. 现场观测调查。

4. 问卷发放调查。

5. 座谈讨论调查。

流程三　分析实操

学习路径提示：按调研方案安排，通过下列途径完成调查材料分析工作。

1. 调查材料甄别。
2. 调查材料分类。
3. 调查数据统计。
4. 调查材料定性。
5. 提出调研结论。

流程四　调研报告撰写

学习路径提示：

1. 题目：《×××团队同学责任文化素质调研报告》。
2. 结构：

(1)调研背景与意义。

(2)调研目标与任务。

(3)调研对象的选择。

(4)调研过程与方法。

(5)调查获得的材料。

(6)分析获得的认识。

(7)调研取得的结论。

(8)提出的有关建议。

流程五　团队合作报告撰写

学习路径提示：

1. 项目组长主持总结调研团队合作表现，每个成员发言，项目助理记录。
2. 总结的内容包括

(1)承担的项目任务与完成情况；

(2)完成项目任务的具体过程；

(3)完成项目任务的工作态度；

(4)完成项目任务的具体做法；

(5)与团队其他成员的配合如何？

(6)获得了哪些经验体会？

3. 项目组长根据团队成员发言，撰写《×××同学责任素质调研团队合作报告》。

结构：

(1)团队组建背景与目的。

(2)团队的工作目标任务。

(3)团队合作过程与方法。

(4)团队合作态度与表现。

(5)团队合作经验与体会。

(6)团队合作问题与建议。

流程六 调研成果交流考核

学习路径提示：

1. 项目组长主持，在团队内部讨论《×××团队同学责任素质调研报告》，项目助理记录。

2. 根据讨论结果项目组长修改《×××团队同学责任素质调研报告》。

3. 项目组长主持，两个团队交叉评价《×××团队同学责任素质调研报告》。项目助理记录。

4. 组长说明评分标准，分解评分项目，将评分结果填入成绩表。

评分项目	分值	得分	等级	评语	评分人
目标的明确性	10				
过程的完整性	20				
内容的充实性	20				
方法的得当性	20				
观点的正确性	10				
结论的正确性	10				
语言运用水平	10				

流程七 团队合作交流考核

学习路径提示：

1. 项目组长主持，团队内部讨论《×××团队同学责任素质调研团队合作报告》，项目助理记录。

2. 根据讨论结果项目组长修改《×××团队同学责任素质调研报告》。

3. 项目组长主持，两个团队交叉评价《×××团队同学责任素质调研报告》。项目助理记录。

4. 组长说明评分标准，分解评分项目，将评分结果填入成绩表。

评分项目	分值	得分	等级	评语	评分人
团队组建背景与目的	10				
团队的工作目标任务	20				
团队合作过程与方法	20				
团队合作态度与表现	20				
团队合作经验与体会	10				
团队合作问题与建议	10				

养成活动五　同学责任文化认知

流程一　同学责任文化信息搜索团队组建

学习路径提示：

1. 各养成团队信息助理按下表分工，确定团队成员项目任务。

流程二　职业人类责任文化信息搜索团队组建

学习路径提示：

1. 各养成团队信息助理按下表分工，确定团队成员项目任务。

团队名称				
岗位	姓名	职业特长	职责职能	工作任务
信息助理				
认知知识信息员				
方法知识信息员				
行动知识信息员				
文化知识信息员				
态度知识信息员				
文字编辑员				
美术编辑员				

2. 信息员按职责任务搜索同学责任文化信息。

3. 文字编辑、美术编辑编辑《同学责任文化信息手册》。

4.《同学责任文化信息手册》编辑提示：

封面：主编、文字编辑、美术编辑，编者。

目录

前言

第一章　同学责任认知知识举要

　　第一节　安全互助认知知识

　　第二节　学习互助认知知识

　　第三节　健康互助认知知识

　　第四节　思想互助认知知识

　　第五节　生活互助认知知识

　　第六节　才艺互助认知知识

第二章　同学责任方法知识举要

　　第一节　安全互助方法知识

　　第二节　学习互助方法知识

　　第三节　健康互助方法知识

　　第四节　思想互助方法知识

　　第五节　生活互助方法知识

　　第六节　才艺互助方法知识

第三章　同学责任行动知识举要

　　第一节　安全互助行动知识

　　第二节　学习互助行动知识

　　第三节　健康互助行动知识

　　第四节　思想互助行动知识

　　第五节　生活互助行动知识

　　第六节　才艺互助行动知识

第四章　同学责任态度知识举要

　　第一节　安全互助态度知识

　　第二节　学习互助态度知识

　　第三节　健康互助态度知识

　　第四节　思想互助态度知识

　　第五节　生活互助态度知识

　　第六节　才艺互助态度知识

第五章　同学责任文化知识举要

　　第一节　安全互助文化知识

流程三　同学责任文化信息交流

学习路径提示：

1. 传播助理主持养成团队内部交流。
2. 文化传播团队主持全班交流。

流程四　同学责任文化认知测评

学习路径提示

1. 测评助理养成团队交叉测评。
2. 素质观测团队分团队测评。
3. 测评主要依据是《同学责任文化信息手册》编写质量等级。

流程五　同学责任认知评分

学习路径提示：

1. 评分方式：通过抽签确定交叉评分对象。
2. 按下列评分标准与成绩表操作。

评分项目	分值	得分	等级	评语	评分人
封面设计水平	10				
内容的完整性	30				
内容的正确性	30				
内容的艺术性	10				
文字编辑水平	10				
美术编辑水平	10				

养成活动六 同学责任素质反思

流程一 同学责任思考

学习路径提示：

1. 树标杆，谈认识：选择一个自己在同学责任素质方面最佩服的人，从安全互助、学习互助、健康互助、思想互助、生活互助、才艺互助等方面，分析他的同学责任文化素质知识与技能水平、行为与态度表现、价值与情感取向、理想与境界。

2. 找差距，查原因：对照自己最佩服的人同学责任素质，从知识与技能水平、行为与态度表现、价值与情感取向、理想与境界层次等方面，查找自己同学责任素质存在的不足，并举例说明。在上述基础上查找自己的同学责任素质为什么有许多好的素质，为什么存在这些不足。

3. 明目标，定措施：根据上述分析结果，确立自己同学责任文化素质养成的具体目标，然后说明自己准备通过哪些措施实现自己确定的文化素质养成目标。

流程二 撰写反思评价报告

学习路径提示：

1. 整理上述反思与评价内容，根据《同学责任文化素质反思策划书》，以《同学责任文化素质反思》为题，撰写同学责任反思与评价报告。

2. 可参考以下提示安排结构，撰写提纲。

(1)联系优秀人物谈自己对同学责任的理解与认识，包括内涵、意义价值、成长规律与原因。

(2)对照优秀人物的优秀品质谈自己同学责任的优点与不足。

(3)分析自己同学责任优点与不足的原因。

(4)根据优秀人物的成长过程和规律，确定自己的同学责任提升目标与措施。

四个部分的小标题，通过概括上述四个内容确定。每个小标题要写出观点和案例。

流程三 反思策划团队编辑《同学责任文化素质反思精选》

流程四 同学责任素质反思交流

学习路径提示：

1. 团队项目组长主持，在团队内部交流《同学责任文化素质反思》。

2. 各团队推选1篇优秀作品在全班交流。

流程五　同学责任文化素质反思评分

学习路径提示：

1. 个人作品评分：先通过抽签确定交叉评分对象，然后交叉评分，再填写成绩表。

评分项目	分值	得分	等级	评语	评分人
主题的明确性	15				
结构的完整性	30				
内容的正确性	10				
内容的丰富性	30				
语言运用水平	15				

2. 团队作品评分：先通过抽签确定交叉评分对象，然后交叉评分，再填写成绩表。

评分项目	分值	得分	等级	评语	评分人
封面设计水平	10				
内容的完整性	30				
内容的正确性	30				
内容的艺术性	10				
文字编辑水平	10				
美术编辑水平	10				

养成活动七　同学责任素质辩论

流程一　选择论辩题目并确定正反方

学习路径提示：

1. 各团队论辩题目在下列选题中抽取。

(1)同学与责任密不可分。

(2)同学的责任在于无私帮助。

(3)同学的责任在于勇于担当。

(4)同学的责任在于真情关爱。

(5)同学的责任在于实话实说。

(6)同学的责任在于彼此宽容。

(7)同学的责任在于分担困难。

(8)同学的责任在于分享快乐。

2. 各团队自愿结对,两个团队互为正反方。

流程二 正反方团队共同做好辩论前准备

学习路径提示:

1. 正反方团队内部分工。

(1)一辩手负责立论陈词,即明确本方论点,界定阐释论题关键词;说明对方论点的错误,从关键词角度说明对方论点的错误。

(2)二辩手负责正面论证,即从正面论证本方论点的正确性,批驳对方论点的正确性。

(3)三辩手负责反面论证,即从反面论证本方论点的正确性,批驳对方论点的正确性。

(4)四辩手负责归纳总结,即概括说明前三个辩手的观点和论证过程,阐释最后的结论。

2. 正反方共同讨论《辩论赛活动策划书》。

3. 正反方共同讨论《辩论赛活动与规则》。

4. 正反方团队成员按角色进行赛前演练。

流程三 同学责任辩论赛

学习路径提示:

1. 指导教师陈词。

2. 辩论正式开始。

3. 指导教师点评。

4. 评价团队按以下标准评分。

个人评分标准

个人得分 （100分）	语言表达	1. 普通话标准、语速适中； 2. 语调平仄合理； 3. 口头、肢体语言和谐； 4. 修辞得当、表达合理； 5. 表达流畅、说理透彻。	20分
	逻辑推理	1. 逻辑推理过程清晰； 2. 论证结果合理、有力； 3. 善于处理逻辑难点。	20分
	辩驳能力	1. 提问简明扼要； 2. 设问针对性强、火力强劲； 3. 回答问题精准、处理问题有技巧（攻、守、避合理）； 4. 反驳有理有据、论证有力； 5. 引用实例恰当。	20分
	临场反应	1. 反应敏捷； 2. 用语得体； 3. 技巧多元得当。	15分
	整体意识	1. 分工合理、协调一致； 2. 衔接有序、互为攻守； 3. 自由辩论错落有致；气氛调节有度。	15分
	综合印象	1. 仪态、着装合理； 2. 台风与辩风； 3. 有风度及幽默感； 4. 尊重对方辩友、评委和观众。	10分

团队评分标准

团体得分 （300分）	立论陈词	1. 开篇立论逻辑清晰，言简意赅； 2. 论点明晰，论据充足，分析透彻，引证有力； 3. 论据内容丰富，引用资料充分恰当、准确； 4. 分析的角度和层次具有说服力和逻辑性； 5. 语言表达流畅、有文采。	30分
	对辩辩驳	1. 表达清晰、论证合理而有力； 2. 回答问题精准、处理问题有技巧（攻、守、避合理）； 3. 推理过程合乎逻辑，事实引用得当； 4. 针对性强 ，有理有据。	40分
	攻辩小结	1. 全面归纳对方的矛盾与差错，并作系统的反驳和攻击； 2. 提问简明，击中要害； 3. 辩护有理有据及有力，说服力强。	20分
	自由辩论	1. 攻防转换有序，把握论辩主动权； 2. 针对对方的论点、论据进行有力反驳； 3. 坚守并能进一步巩固、扩大阵地。	60分
	回答提问	根据辩论队的整体形象，从整体配合、语言运用、临场反应（语言、风度、举止、表情）等方面评分。	20分

续　表

团体得分（300分）	总结陈词	全面总结本方的立场、论证，系统反驳对方的进攻，为本方辩护；语言表达具有说服力和逻辑性。	30分
	语言风度	1. 用词得当、流畅； 2. 语调抑扬顿挫、语速适中； 3. 表达清晰、层次清楚，逻辑严密	50分
	团队配合及临场反应	根据辩论队的整体形象，从辩风、整体配合、语言运用、临场反应（语言、风度、举止、表情）等方面评分；有团队精神，相互支持；论辩衔接流畅；反应敏捷，应对能力强；问答形成一个有机整体，有效地打击对方；	50分

5. 填写评分表

团队名称	一辩得分	二辩得分	三辩得分	四辩得分	团体平均分	总分	测评员

养成活动八　同学责任行为担当

流程一　按下表填写同学责任状

××× 在宁波城市职业技术学院学习期间同学责任状

责任方（学生个人）：

指导方（辅导员）：

监督方（同班同学）：

监管方（学院领导）：

为打造爱心校园、平安校园，使每一个学生在相互关爱中成长，安全健康地成长，签订本责任状。

一、责任方职责行为目标与要求

1. 学习互助责任行为目标与要求；

2. 健康互助责任行为目标与要求；

3. 思想互助责任行为目标与要求；

4. 生活互助责任行为目标与要求；

5. 安全互助责任行为目标与要求；

6. 才艺互助责任行为目标与要求。

二、指导方职责行为目标与要求

1. 学习互助责任行为指导目标与要求；

2. 健康互助责任行为指导目标与要求；

3. 思想互助责任行为指导目标与要求；

4. 生活互助责任行为指导目标与要求；

5. 安全互助责任指导行为目标与要求；

6. 才艺互助责任指导行为目标与要求。

三、监督方职责行为目标与要求

1. 学习互助责任行为监督目标与要求；

2. 健康互助责任行为监督目标与要求；

3. 思想互助责任行为监督目标与要求；

4. 生活互助责任行为监督目标与要求；

5. 安全互助责任行为监督目标与要求；

6. 才艺互助责任行为监督目标与要求。

四、监管方职责

1. 同学责任监管奖惩办法；

2. 同学责任监管实施办法。

五、附则

本责任状双方签字后生效，执行日期自××年××月××日至××年××月××日。

责任方签字：

指导方签字：

监护方签字：

监督方签字：

监管方签字：

流程二 同学责任状签字仪式

流程三 组长主持小组内交流同学责任状

流程四 同学责任状评分

学习路径提示：

先通过抽签确定交叉评分对象，然后交叉评分，再填写成绩表。

评分项目	分值	得分	等级	评语	评分人
主题的明确性	15				
结构的完整性	30				
内容的正确性	10				
内容的丰富性	30				
语言运用水平	15				

养成活动九 同学责任能力训练

流程一 同学责任能力团队组建

学习路径提示：按下表分工确定团队成员项目任务：

团队名称				
岗位	姓名	职业特长	职责职能	工作任务
训练助理				
知识认知训练员				
行动认知训练员				
态度表现训练员				
问题解决训练员				
训练管理员				
文字编辑员				
美术编辑员				

流程二　编写训练手册

学习路径提示：

1. 按团队分工编写训练手册。
2. 团队内部交流修改训练手册。
3. 文字编辑、美术编辑编辑《同学责任能力训练手册》。

《同学责任能力训练手册》提纲：

封面设计

前言

目录

第一章　安全互助责任能力训练

　　第一节　知识认知训练

　　　　训练流程一：明确训练目标

　　　　训练流程二：分解训练任务

　　　　训练流程三：完成训练准备

　　　　训练流程四：实施训练实操

　　　　训练流程五：训练效果评估

　　第二节　行动认知训练

　　　　训练流程一：明确训练目标

　　　　训练流程二：分解训练任务

　　　　训练流程三：完成训练准备

　　　　训练流程四：实施训练实操

　　　　训练流程五：训练效果评估

　　第三节　态度表现训练

　　　　训练流程一：明确训练目标

　　　　训练流程二：分解训练任务

　　　　训练流程三：完成训练准备

　　　　训练流程四：实施训练实操

　　　　训练流程五：训练效果评估

　　第四节　问题解决训练

　　　　训练流程一：明确训练目标

　　　　训练流程二：分解训练任务

　　　　训练流程三：完成训练准备

　　　　训练流程四：实施训练实操

　　　　训练流程五：训练效果评估

流程三　训练手册编写质量评比

学习路径提示：先通过抽签确定交叉评分对象，然后交叉评分，再填写成绩表。

评分项目	分值	得分	等级	评语	评分人
封面设计水平	10				
内容的完整性	30				
内容的正确性	30				
内容的艺术性	10				
文字编辑水平	10				
美术编辑水平	10				

流程四 同学责任能力训练

学习路径提示：按训练手册，借助网络学习资源平台训练。

流程五 生命责任能力测评

学习路径提示：先通过抽签确定交叉评分对象，然后交叉评分，再填写成绩表。

评分项目	分值	得分	等级	评语	评分人
安全互助责任能力	15				
学习互助责任能力	15				
健康互助责任能力	15				
思想互助责任能力	15				
生活互助责任能力	15				
才艺互助责任能力	15				
饮食安全能力	10				

养成活动十 同学责任主题实践

流程一 按下列要求确定团队负责人

1. 平时能积极参与学校(学院)的社会实践活动；
2. 遵章守纪，在校期间无任何违法乱纪记录，成绩优良；
3. 有较好的组织领导能力，善于与人沟通。

流程二 按以下要求组团

1. 团队成员数为 6 人；
2. 选取安全互助、学习互助、健康互助、思想互助、生活互助、才艺互助一个方面，确定实践主题；
3. 向学院申报，经审批确认为同学责任文化实践团队后方可进行相关实践活动；
4. 上交团队项目申报表，附活动策划书、安全预案和实践单位或个人接待回执；
5. 按队长、组织策划、外联、媒体联系、项目宣传、拍摄记录、博客发帖、财务管理、生活管理、安全管理等角色进行分工。

流程三　按以下要求聘请指导老师

1. 在辅导员、班主任、专业老师等在职老师中聘请。

2. 指导老师应承诺对实践团队的选题、组织、实践成果整理完成等方面进行指导，关心学生在实践过程中的安全状况。

流程四　按以下要求撰写实践方案

1. 实践主题定位；
2. 实践对象选择；
3. 实践目标确定；
4. 实践项目设计；
5. 实践团队分工；
6. 实践行程安排；
7. 团队设备配置与管理
8. 团队财务预算与管理；
9. 团队生活安排与管理；
10. 团队安全预案与管理；
11. 赞助商与奖品管理。

流程五　组织实践能力培训活动，做好实践前的各项准备工作

1. 根据实践主题进行角色分工；
2. 明确每个角色应具备的知识、技能和态度；
3. 通过角色扮演进行能力演练。

流程六　团队安全培训

1. 财产和同学安全教育；
2. 明确不可抗力突发事件应对措施；
3. 通过角色扮演进行安全应对演练。

流程七　团队宣传

1. 联系相关媒体；
2. 挖掘新闻材料，反映实践成果；
3. 将宣传稿及相关媒体报道情况反馈学校。

流程八 了解实践报告的结构

1. 题目:简洁明了,通过精练的语言把实践活动的内容和特点明确概括出来。字数要适当,不宜超过 20 个字。可以设副标题。

2. 学院及作者名称:在论文题目下方注明,学院名称应用全称。

3. 摘要:概括实践活动中得到的基本观点、实践方法、取得的成果和结论,字数以 200 字左右为宜,包括:摘要正文和关键词。

4. 正文:包括实践活动的目的意义、相关背景、时间、地点、人员、调查手段,以及对实践活动中得到的结论的详细叙述。要有新观点、新思路;坚持理论联系实际,对实际工作有指导作用和借鉴作用,能提出建设性的意见和建议;报告内容观点鲜明,重点突出,结构合理,条理清晰,文字通畅、精炼。字数一般控制在 8000 字左右。

5. 参考文献:反映调查报告的取材来源、材料的广博程度和材料的可靠程度。

6. 附录:某些不宜放在正文中,但又具有参考价值的内容,可以编入附录中。

流程九 主题实践活动实操

学习路径提示:

1. 在组长主持下按分工实施主题实践活动。

2. 项目助理做好每个活动环节的观测记录。

流程十 团队成员撰写主题实践活动总结

学习路径提示:

1. 回顾完成分管工作的过程和体会。

2. 团队成员帮助完善实践活动回顾。

3. 整理回顾活动材料撰写个人总结。

流程十一 项目组长按下列要求撰写实践报告

1. 通过回答为什么写实践报告,思考并用简洁的文字概括报告主题。

2. 围绕主题收集资料:通过实地调查、社会实践或实习等渠道获得;从校内外图书馆、资料室已有的资料中查找。

3. 拟订提纲:根据调查报告主题的需要拟订结构框架和体系。在起草论文提纲后,可请指导教师审阅修改。

4. 起草:在起草时应尽量做到纲举目张、顺理成章、详略得当、井然有序。

5. 修改、定稿:改正草稿中的缺点或错误,在反复推敲修改后,才能定稿。

流程十二 主题实践报告评分

学习路径提示：

1. 学习实践活动考核标准。

责任文化素质养成实践活动考评表

内容标准				评价标准		等级标准		
序	项目	考评材料	考评内容	分值	主要观测点	初级	中级	高级
	选题与设计	开题报告	主题贴近度	2	问题贴近度 目标贴近度 任务贴近度	5	7	9
			发展贴近度	2	挑战性 自主性 才能发挥			
			个性贴近度	2	个人兴趣贴近度 个人性格贴近度 个人特长贴近度			
			能力覆盖面	2	知识覆盖面 能力覆盖面			
			设计水平	2	内容完整性 形式逻辑性 文本规范性			
	素质水平	素质观测	责任认知	4	明确责任目标 明确责任路径	5	7	9
			责任能力	3	运用责任行动方法 责任行动效果明显			
			责任态度	3	积极主动 认真细致 坚持经常			
	执行过程与方法	行动计划	思路创意过程与方法	15	思路创意建构的组织形式、操作活动、方法技巧	20	28	36
		实践活动总结	组织实施过程与方法	10	组织实施方案制订的组织形式、操作活动、方法技巧			
		实施过程观测	能力形成过程与方法	15	能力表现形式、活动执行、方法技巧			
	成果与效益	实践活动报告	质量	10	科学性体现 创新性体现 实用性体现	15	21	27

续　表

内容标准				评价标准		等级标准		
序	项目	考评材料	考评内容	分值	主要观测点	初级	中级	高级
	成果与效益	实践活动报告	数量	10	工作量数量 独立完成情况 合作完成情况			
			价值	10	促进就业价值 职业发展价值 个性发展价值			
	答辩与表现	答辩陈述 答辩记录	答案正确性	4	要素完整状况 符合规律状况 逻辑性状况			
			表达清晰度	3	语句流畅性状况 用词准确性状况 层次清晰度状况	5	7	9
			内容深浅度	3	符合要求状况 达到水准状况 富有创意状况			

2. 各组推荐质检员组成班级考核小组。

3. 指导教师宣布汇报顺序。

4. 考核组长主持汇报和考核。

5. 各团队按次序汇报。

6. 评委逐个亮分，项目助理统计分数并填写积分表。

项目团队	评分项目	成绩	等级	评分依据
项目组长姓名	选题与设计 能力水平 执行过程与方法 成果与效益 答辩与表现			
项目助理姓名	选题与设计 能力水平 执行过程与方法 成果与效益 答辩与表现			
团队成员姓名	选题与设计 能力水平 执行过程与方法 成果与效益 答辩与表现			

续　表

项目团队	评分项目	成绩	等级	评分依据
团队成员姓名	选题与设计 能力条件准备 执行过程与方法 成果与效益 答辩与表现			
团队成员姓名	选题与设计 能力水平 执行过程与方法 成果与效益 答辩与表现			
团队成员姓名	选题与设计 能力水平 执行过程与方法 成果与效益 答辩与表现			
团队成绩		团队等级		评分依据：
优化建议				

评分人签字：　　　　　　　　　　　　测评组长签字：

附件:单元计分表

项目团队	评分项目	单项分数							总分
	团队组建	一号	二号	三号	四号	五号	六号		
	活动策划								
	责任认知								
	责任调研								
	责任反思								
	责任担当								
	责任辩论								
	责任训练								
	责任实践								
	团队组建								
	活动策划								
	责任认知								
	责任调研								
	责任反思								
	责任担当								
	责任辩论								
	责任训练								
	责任实践								

续 表

项目团队	评分项目	单项分数							总分
	团队组建								
	活动策划								
	责任认知								
	责任调研								
	责任反思								
	责任担当								
	责任辩论								
	责任训练								
	责任实践								
	团队组建								
	活动策划								
	责任认知								
	责任调研								
	责任反思								
	责任担当								
	责任辩论								
	责任训练								
	责任实践								
	团队组建								
	活动策划								
	责任认知								
	责任调研								
	责任反思								
	责任担当								
	责任辩论								
	责任训练								
	责任实践								

续　表

项目团队	评分项目	单项分数							总分
	团队组建								
	活动策划								
	责任认知								
	责任调研								
	责任反思								
	责任担当								
	责任辩论								
	责任训练								
	责任实践								
	团队组建								
	活动策划								
	责任认知								
	责任调研								
	责任反思								
	责任担当								
	责任辩论								
	责任训练								
	责任实践								
个人总成绩									
团队总成绩									

第五单元

社会责任文化素质养成

课前寄语:社会是人类活动的公共空间。一个有安定、有序、文明、和谐的社会环境,需要所有社会成员共同维系。让我们一起体验、参与和实践社会文明、社会安定、社会和谐、社会公平、社会公正责任活动吧!

养成活动一 了解养成任务项目

流程一 阅读下表了解本单元信息

单元名称:社会责任文化素质养成								
授课班级		略	上课时间	略	课时		上课地点	略
养成目标	能力目标				素养目标			
	通过社会责任文化素质养成活动,培养社会文明责任、社会安定责任、社会和谐责任、社会公平责任、社会公正责任能力。				通过社会责任文化素质养成活动,树立社会责任感。			
养成项目与案例	训练项目				相关案例			
	任务1:社会责任文化素质活动策划 任务2:社会责任文化素质调研 任务3:社会责任文化素质认知 任务4:社会责任文化素质反思 任务5:社会责任担当 任务6:社会责任文化素质辩论 任务7:社会责任能力训练 任务8:社会责任文化素质主题实践				《社会责任文化素质活动策划书》 《社会责任文化素质调研报告》 《社会责任文化知识与案例手册》 《社会责任文化素质反思精选》 《社会责任能力训练手册》 《社会责任状》 《社会责任文化辩论赛策划书》 《社会责任文化素质主题实践活动报告》			

续　表

基础能力要求	知识储备要求	基本技能要求
	1. 了解社会责任文化知识； 2. 了解社会责任行为方式； 3. 活动质量效果评价方法。	信息查询技能、团队合作、社会服务技能。
考核评价重点		考核评价难点
社会责任意识和能力		社会责任意识向社会责任能力迁移

说明：本表属于《单元学习信息》通用模板，学生们按照指导教师的安排，根据所属专业确定具体专业方向。

流程二　通过自学掌握本单元学习信息

学习路径提示：你是否理解上述学习信息，把不理解的疑问写出来，然后通过网上查询，向老师、同学求教，排除你的疑问。

养成活动二　素质养成团队组建

流程一　责任文化素质养成团队组建

学习路径提示：

1. 全班同学自愿报名产生社会责任文化素质养成团队组长候选人。
2. 通过竞聘产生若干社会责任文化素质养成团队组长。
3. 项目组长与全班同学自由组合，按 6 人一组产生学习团队。
4. 项目组内通过协商、竞聘产生学习团队成员岗位角色，包括社会责任文化素质信息助理、社会责任文化素质传播助理、社会责任文化素质训练助理、社会责任文化素质评价助理、社会责任文化素质竞赛助理。
5. 项目组内通过协商，确定每个团队成员的岗位职能和职责。

流程二　填写下表

团队名称				
团队结构	岗位	姓名	职业特长	本项目职责职能
	项目组长			活动策划主持
	信息助理			知识案例查询
	传播助理			辅助交流、辩论、讲评

续　表

团队名称				
团队结构	训练助理			辅助能力训练
	竞赛助理			辅助竞赛
	评价助理			辅助素质观测

流程三　上交社会责任文化素质养成团队组建表

学习路径提示：按上交表格先后和填写质量，讲评并确定团队组建成绩。

流程四　组长宣布社会责任文化素质养成团队组建结果

学习路径提示：按礼仪、表达讲评并确定团队组建成绩。

养成活动三　素质养成活动策划

流程一　活动创意策划

学习路径：各团队填写下表，组建工作团队。

认知策划团队

团队名称				
岗位	姓名	职业特长	职责职能	工作任务
项目助理				
认知知识信息策划员				
方法知识信息策划员				
行动知识信息策划员				
文化知识信息策划员				
态度知识信息策划员				
文字编辑员				
美术编辑员				

反思策划团队

团队名称				
岗位	姓名	职业特长	职责职能	工作任务
项目组长				
认知反思策划				
行动反思策划				
态度反思策划				
价值反思策划				
文本撰写策划				
反思交流策划				
文本编辑策划				

担当策划团队

团队名称				
岗位	姓名	职业特长	职责职能	工作任务
项目组长				
责任目标策划 1				
责任目标策划 2				
责任要求策划 1				
责任要求策划 2				
责任状撰写策划				
责任状编辑策划				
责任担当仪式策划				

辩论策划团队

团队名称				
岗位	姓名	职业特长	职责职能	工作任务
项目组长				
论点策划				
论据策划				
论证策划				
活动策划				
分工策划				
策划书撰写策划				
策划书撰写策划				

训练策划团队

团队名称				
岗位	姓名	职业特长	职责职能	工作任务
项目组长				
社会文明责任能力训练策划				
社会安定责任能力训练策划				
社会和谐责任能力训练策划				
社会公平责任能力训练策划				
社会公正责任能力训练策划				

实践策划团队

团队名称				
岗位	姓名	职业特长	职责职能	工作任务
项目组长				
社会文明责任行动策划				
社会安定责任行动策划				
社会和谐责任行动策划				
社会公平责任行动策划				
社会公正责任行动策划				

2. 各团队讨论以下问题,撰写策划书。

(1)所选活动主题的含义是什么,包括哪些方面?

(2)为什么要组织这项活动,最终要达到什么目的?

(3)活动安排在什么时间,什么地点?

(4)活动分几个阶段、几个项目,每个项目有哪些任务?为什么这样设置?

(5)每个活动项目任务通过哪些途径完成?

(6)每项活动项目任务由谁负责?谁配合做哪些辅助工作?

(7)活动有哪些预期成果,谁负责撰写提供?

(8)活动需要配置哪些器材,谁负责准备?

3. 按策划书结构要求撰写策划书

策划书题目:《×××团队社会责任文化素质实践活动策划方案》。

策划书结构:

(1)活动背景与活动意义。

(2)主题概念界定与目的。

(3)活动项目与任务定位。

(4)活动路径与方法选择。

(5)活动日程与具体安排。

(6)活动预期成果与责任。

流程二　策划书交流考核

学习路径提示：

1. 项目组长主持，在团队内部交流策划书，项目助理记录。

2. 根据讨论结果项目组长修改策划书。

3. 项目组长主持，两个团队交叉评价策划书，项目助理记录。

4. 组长说明评分标准，分解评分项目，将评分结果填入成绩表。

评分项目	分值	得分	等级	评语	评分人
活动目标任务明确性	10				
活动过程设计完整性	20				
活动项目任务落实性	20				
活动日程安排合理性	20				
活动路径设计得当性	10				
活动预期成果有创意	10				
文本语言运用水平	10				

养成活动四　社会责任素质调研

流程一　调研准备

学习路径提示：

1. 在社会文明、社会安定、社会和谐、社会公平、社会公正五个主题中任选一个，作为本团队调研主题。

2. 在本班级范围内，通过抽签确定两个团队互为调研对象。

3. 项目组长主持，回答下列问题讨论调研活动安排，项目组长记录。

(1)所选调研主题的含义是什么，包括哪些方面？

(2)为什么要调研这个主题，最终要达到什么目的？

(3)调研对象在什么时间，什么地点接受你的调研？

(4)调研分几个项目,每个项目有哪些调研任务?为什么这样设置?
(5)每个调研项目任务通过哪些途径调查?
(6)每个调研项目任务通过什么方法分析?
(7)每项调查项目任务由谁负责?谁配合做哪些辅助工作?
(8)调查获得的材料由谁来整理,谁负责分析?
(9)调研预期有哪些成果,谁负责撰写提供?
(10)调查问卷制作有哪些要求?谁负责制作?
(11)调查座谈提纲有哪些要求,谁负责拟写?
(12)调查器材需要配置哪些器材,谁负责准备?
(13)调查材料分析用什么统计分析方式?
(14)调查材料从哪些角度分析,用什么理论?
(15)每项调研项目任务的时间地点安排。
4. 项目组长整理讨论结果,撰写调研方案。
题目:《×××团队社会责任素质调研方案》。
结构:
(1)调研主题概念界定。
(2)调研目的与意义阐释。
(3)调研项目与任务定位。
(4)调研路径与方法选择。
(5)调研活动日程与安排。
(6)调研预期成果与责任。

流程二 调查实操

学习路径提示:按调研方案安排,通过下列途径完成调查工作。
1. 图书文献调查。
2. 网络信息调查。
3. 现场观测调查。
4. 问卷发放调查。
5. 座谈讨论调查。

流程三 分析实操

学习路径提示:按调研方案安排,通过下列途径完成调查材料分析工作。
1. 调查材料甄别。
2. 调查材料分类。
3. 调查数据统计。

4. 调查材料定性。

5. 提出调研结论。

流程四　调研报告撰写

学习路径提示：

1. 题目：《×××团队社会责任文化素质调研报告》。

2. 结构：

(1)调研背景与意义。

(2)调研目标与任务。

(3)调研对象的选择。

(4)调研过程与方法。

(5)调查获得的材料。

(6)分析获得的认识。

(7)调研取得的结论。

(8)提出的有关建议。

流程五　团队合作报告撰写

学习路径提示：

1. 项目组长主持总结调研团队合作表现，每个成员发言，项目助理记录。

2. 总结的内容包括

(1)承担的项目任务与完成情况；

(2)完成项目任务的具体过程；

(3)完成项目任务的工作态度；

(4)完成项目任务的具体做法；

(5)与团队其他成员的配合如何？

(6)获得了哪些经验体会？

3. 项目组长根据团队成员发言，撰写《×××社会责任素质调研团队合作报告》。

结构：

(1)团队组建背景与目的。

(2)团队的工作目标任务。

(3)团队合作过程与方法。

(4)团队合作态度与表现。

(5)团队合作经验与体会。

(6)团队合作问题与建议。

流程六 调研成果交流考核

学习路径提示：

1. 项目组长主持，在团队内部讨论《×××团队社会责任素质调研报告》，项目助理记录。

2. 根据讨论结果项目组长修改《×××团队社会责任素质调研报告》。

3. 项目组长主持，两个团队交叉评价《×××团队社会责任素质调研报告》。项目助理记录。

4. 组长说明评分标准，分解评分项目，将评分结果填入成绩表。

评分项目	分值	得分	等级	评语	评分人
目标的明确性	10				
过程的完整性	20				
内容的充实性	20				
方法的得当性	20				
观点的正确性	10				
结论的正确性	10				
语言运用水平	10				

流程七 团队合作交流考核

学习路径提示：

1. 项目组长主持，团队内部讨论《×××团队社会责任素质调研团队合作报告》，项目助理记录。

2. 根据讨论结果项目组长修改《×××团队社会责任素质调研报告》。

3. 项目组长主持，两个团队交叉评价《×××团队社会责任素质调研报告》。项目助理记录。

4. 组长说明评分标准，分解评分项目，将评分结果填写成绩表。

评分项目	分值	得分	等级	评语	评分人
团队组建背景与目的	10				
团队工作目标与任务	20				
团队合作过程与方法	20				
团队合作态度与表现	20				
团队合作经验与体会	10				
团队合作问题与建议	10				

养成活动五　社会责任文化认知

流程一　社会责任文化信息团队组建

学习路径提示：

1. 各养成团队信息助理按下表分工，确定团队成员项目任务。

流程二　职业人类责任文化信息搜索团队组建

学习路径提示：

1. 各养成团队信息助理按下表分工，确定团队成员项目任务。

团队名称				
岗位	姓名	职业特长	职责职能	工作任务
信息助理				
认知知识信息员				
方法知识信息员				
行动知识信息员				
文化知识信息员				
态度知识信息员				
文字编辑员				
美术编辑员				

2. 信息员按职责任务搜索社会责任文化信息。
3. 文字编辑、美术编辑编辑《社会责任文化信息手册》。
4.《社会责任文化信息手册》编辑提示：

封面：主编、文字编辑、美术编辑，编者。

目录

前言

第一章　社会责任认知知识举要

　　第一节　社会文明认知知识

　　第二节　社会安定认知知识

　　第三节　社会和谐认知知识

第四节　社会公平认知知识
第五节　社会公正认知知识
第二章　社会责任方法知识举要
第一节　社会文明方法知识
第二节　社会安定方法知识
第三节　社会和谐方法知识
第四节　社会公平方法知识
第五节　社会公正飞知识
第三章　社会责任行动知识举要
第一节　社会文明行动知识
第二节　社会安定行动知识
第三节　社会和谐行动知识
第四节　社会公平行动知识
第五节　社会公正认知知识
第四章　社会责任态度知识举要
第一节　社会文明态度知识
第二节　社会安定态度知识
第三节　社会和谐态度知识
第四节　社会公平态度知识
第五节　社会公正态度知识
第五章　社会责任文化知识举要
第一节　社会文明文化知识
第二节　社会安定文化知识
第三节　社会和谐文化知识
第四节　社会公平文化知识
第五节　社会公正文化知识
后记

流程三　社会责任文化信息交流

学习路径提示：

1. 传播助理主持养成团队内部交流。
2. 文化传播团队主持全班交流。

流程四　社会责任文化认知测评

学习路径提示

1. 测评助理养成团队交叉测评。

2. 素质观测团队分团队测评。

3. 测评主要依据是《社会责任文化信息手册》编写质量等级。

流程五　社会责任认知评分

学习路径提示：

1. 评分方式：通过抽签确定交叉评分对象。

2. 按下列评分标准与成绩表操作。

评分项目	分值	得分	等级	评语	评分人
封面设计水平	10				
内容的完整性	30				
内容的正确性	30				
内容的艺术性	10				
文字编辑水平	10				
美术编辑水平	10				

养成活动六　社会责任素质反思

流程一　社会责任思考

学习路径提示：

1. 树标杆，谈认识：选择一个自己在社会责任素质方面最佩服的人，从社会文明责任能力、社会安定责任能力、社会和谐责任能力、社会公平责任能力、社会公正责任能力等方面分析他的社会责任文化素质知识与技能水平、行为与态度表现、价值与情感取向、理想与境界层次。

2. 找差距，查原因：对照自己最佩服的人社会责任素质，从社会文明责任能力、社会安定责任能力、社会和谐责任能力、社会文明责任能力、社会公平责任能力、社会公正责任能力查找自己在知识与技能水平、行为与态度表现、价值与情感取向、理想与境界层次的不足，并举例说明。在上述基础上从社会、家庭和自身三个方面分析自己的社会责任素质为什么有许多好的素质，为什么存在这些不足。

3. 明目标，定措施：根据上述分析结果，确立自己社会责任文化素质养成的具体目标，然后说明自己准备通过哪些措施实现自己确定的文化素质养成目标。

流程二　撰写反思评价报告

学习路径提示：

1. 整理上述反思与评价内容，根据《社会责任文化素质反思策划书》，以《社会责任文化素质反思》为题，撰写社会责任反思与评价报告。

2. 可参考以下提示安排结构，撰写写作提纲。

(1)联系优秀人物谈自己对社会责任的理解与认识，包括内涵、意义价值、成长规律与原因。

(2)对照优秀人物的优秀品质谈自己社会责任的优点与不足。

(3)分析自己社会责任优点与不足的原因。

(4)根据优秀人物的成长过程和规律，确定自己的社会责任提升目标与措施。

以上四个部分的小标题，通过概括上述四个内容确定。每个小标题要写出观点和案例。

流程三　反思策划团队编辑《社会责任文化素质反思精选》

流程四　社会责任文化素质反思交流

学习路径提示：

1. 团队项目组长主持，在团队内部交流《社会责任素质反思》。

2. 各团队推选1篇优秀作品在全班交流。

流程五　社会责任文化素质反思评分

学习路径提示：

1. 个人作品评分：先通过抽签确定交叉评分对象，然后交叉评分，再填写成绩表。

评分项目	分值	得分	等级	评语	评分人
主题的明确性	15				
结构的完整性	30				
内容的正确性	10				
内容的丰富性	30				
语言运用水平	15				

2. 团队作品评分：先通过抽签确定交叉评分对象，然后交叉评分，再填写成绩表。

评分项目	分值	得分	等级	评语	评分人
封面设计水平	10				
内容的完整性	30				
内容的正确性	30				
内容的艺术性	10				
文字编辑水平	10				
美术编辑水平	10				

养成活动七　社会责任素质辩论

流程一　选择论辩题目并确定正反方

学习路径提示：

1. 各团队论辩题目在下列选题中抽取。

(1)社会与责任密不可分。

(2)社会的责任在于无私奉献。

(3)社会的责任在于自觉担当。

(4)社会的责任在于文明自律。

(5)社会的责任在于办事公平。

(6)社会的责任在于处事公正。

2. 各团队自愿结对，两个团队互为正反方。

流程二　正反方团队共同做好辩论前准备

学习路径提示：

1. 正反方团队内部分工。

(1)一辩手负责立论陈词，即明确本方论点，界定阐释论题关键词；说明对方论点的错误，从关键词角度说明对方论点的错误。

(2)二辩手负责正面论证，即从正面论证本方论点的正确性，批驳对方论点的正确性。

(3)三辩手负责反面论证，即从反面论证本方论点的正确性，批驳对方论点的正确性。

(4)四辩手负责归纳总结,即概括说明前三个辩手的观点和论证过程,阐释最后的结论。

2. 正反方共同讨论《辩论赛活动策划书》。

3. 正反方共同讨论《辩论赛活动与规则》。

4. 正反方团队成员按角色进行赛前演练。

流程三 社会责任辩论赛

学习路径提示:

1. 指导教师陈词。

2. 辩论正式开始。

3. 指导教师点评。

4. 评价团队按以下标准评分。

个人评分标准

个人得分(100分)	语言表达	1. 普通话标准、语速适中; 2. 语调平仄合理; 3. 口头、肢体语言和谐; 4. 修辞得当、表达合理; 5. 表达流畅、说理透彻。	20分
	逻辑推理	1. 逻辑推理过程清晰; 2. 论证结果合理、有力; 3. 善于处理逻辑难点。	20分
	辩驳能力	1. 提问简明扼要; 2. 设问针对性强、火力强劲; 3. 回答问题精准、处理问题有技巧(攻、守、避合理); 4. 反驳有理有据、论证有力; 5. 引用实例恰当。	20分
	临场反应	1. 反应敏捷; 2. 用语得体; 3. 技巧多元得当。	15分
	整体意识	1. 分工合理、协调一致; 2. 衔接有序、互为攻守; 3. 自由辩论错落有致;气氛调节有度。	15分
	综合印象	1. 仪态、着装合理; 2. 台风与辩风; 3. 有风度及幽默感; 4. 尊重对方辩友、评委和观众。	10分

团队评分标准

团体得分 （300分）	立论陈词	1. 开篇立论逻辑清晰，言简意赅； 2. 论点明晰，论据充足，分析透彻，引证有力； 3. 论据内容丰富，引用资料充分恰当、准确； 4. 分析的角度和层次具有说服力和逻辑性； 5. 语言表达流畅、有文采。	30分
	对辩辩驳	1. 表达清晰、论证合理而有力； 2. 回答问题精准、处理问题有技巧（攻、守、避合理）； 3. 推理过程合乎逻辑，事实引用得当； 4. 针对性强，有理有据。	40分
	攻辩小结	1. 全面归纳对方的矛盾与差错，并作系统的反驳和攻击； 2. 提问简明，击中要害； 3. 辩护有理有据及有力，说服力强。	20分
	自由辩论	1. 攻防转换有序，把握论辩主动权； 2. 针对对方的论点、论据进行有力反驳； 3. 坚守并能进一步巩固、扩大阵地。	60分
	回答提问	根据辩论队的整体形象，从整体配合、语言运用、临场反应（语言、风度、举止、表情）等方面评分。	20分
	总结陈词	全面总结本方的立场、论证，系统反驳对方的进攻，为本方辩护；语言表达具有说服力和逻辑性。	30分
	语言风度	1. 用词得当、流畅； 2. 语调抑扬顿挫、语速适中； 3. 表达清晰、层次清楚，逻辑严密。	50分
	团队配合及临场反应	根据辩论队的整体形象，从辩风、整体配合、语言运用、临场反应（语言、风度、举止、表情）等方面评分；有团队精神，相互支持；论辩衔接流畅；反应敏捷，应对能力强；问答形成一个有机整体，有效地打击对方。	50分

5. 填写评分表

团队名称	一辩得分	二辩得分	三辩得分	四辩得分	团体平均分	总分	测评员

养成活动八　社会责任行为担当

流程一　按下表填写社会责任状

×××在宁波城市职业技术学院学习期间社会责任状

责任方(学生个人):
指导方(辅导员):
监督方(同班社会):
监管方(学院领导):

为打造爱心校园、平安校园,使每一个学生在相互关爱中成长,安全健康地成长,签订本责任状。

社会文明责任能力、社会安定责任能力、社会和谐责任能力、社会文明责任能力、社会公平责任能力、社会公正责任能力

一、责任方职责行为目标与要求

1. 社会文明责任行为目标与要求;
2. 社会安定责任行为目标与要求;
3. 社会和谐责任行为目标与要求;
4. 社会公平责任行为目标与要求;
5. 社会公正责任行为目标与要求。

二、指导方职责行为目标与要求

1. 社会文明责任行为指导目标与要求;
2. 社会安定责任行为指导目标与要求;
3. 社会和谐责任行为指导目标与要求;
4. 社会公平责任行为指导目标与要求;
5. 社会公正责任指导行为目标与要求。

三、监督方职责行为目标与要求

1. 社会文明责任行为监督目标与要求;
2. 社会安定责任行为监督目标与要求;
3. 社会和谐责任行为监督目标与要求;
4. 社会公平责任行为监督目标与要求;
5. 社会公正责任行为监督目标与要求。

四、监管方职责

1. 社会责任监管奖惩办法；

2. 社会责任监管实施办法。

五、附则：

本责任状双方签字后生效，执行日期自××年××月××日至××年××月××日。

责任方签字：

指导方签字：

监护方签字：

监督方签字：

监管方签字：

流程二　社会责任状签字仪式

流程三　组长主持小组内交流社会责任状

流程四　社会责任状评分

学习路径提示：

先通过抽签确定交叉评分对象，然后交叉评分，再填写成绩表。

评分项目	分值	得分	等级	评语	评分人
主题的明确性	15				
结构的完整性	30				
内容的正确性	10				
内容的丰富性	30				
语言运用水平	15				

养成活动九　社会责任能力训练

流程一　社会责任能力团队组建

学习路径提示：各养成团队按下表分工，确定团队成员项目任务：

团队名称				
岗位	姓名	职业特长	职责职能	工作任务
训练助理				
知识与技能训练员				
行为与态度训练员				
价值与情感训练员				
理想与境界训练员				
训练管理员				
文字编辑员				
美术编辑员				

团队名称				
岗位	姓名	职业特长	职责职能	工作任务
训练助理				
知识认知训练员				
行动认知训练员				
态度表现训练员				
问题解决训练员				
训练管理员				
文字编辑员				
美术编辑员				

流程二　编写训练手册

学习路径提示：

1. 按团队分工编写训练手册。
2. 团队内部交流修改训练手册。
3. 文字编辑、美术编辑编辑《社会责任能力训练手册》。

《社会责任能力训练手册》提纲：

封面设计

前言

目录

第一章　社会文明责任能力训练

　　第一节　知识认知训练

　　　　训练流程一：明确训练目标

流程三　训练手册编写质量评比

学习路径提示：先通过抽签确定交叉评分对象，然后交叉评分，再填写成绩表。

评分项目	分值	得分	等级	评语	评分人
封面设计水平	10				
内容的完整性	30				
内容的正确性	30				
内容的艺术性	10				
文字编辑水平	10				
美术编辑水平	10				

流程四 社会责任能力训练

学习路径提示：按训练手册，借助网络学习资源平台训练。

流程五 社会责任能力测评

学习路径提示：先通过抽签确定交叉评分对象，然后交叉评分，再填写成绩表。

评分项目	分值	得分	等级	评语	评分人
社会文明责任能力	20				
社会安定责任能力	20				
社会和谐责任能力	20				
社会公平责任能力	20				
社会公正责任能力	20				

养成活动十 社会责任主题实践

流程一 按下列要求确定团队负责人

1. 平时能积极参与学校（学院）的社会实践活动；
2. 遵章守纪，在校期间无任何违法乱纪记录，成绩优良；
3. 有较好的组织领导能力，善于与人沟通。

流程二 按以下要求组团

1. 团队成员数为6人；
2. 选取社会文明责任、社会安定责任、社会和谐责任、社会文明责任、社会公平责任、社会公正责任的一个方面，确定实践主题；
3. 向学院申报，经审批确认为社会责任文化实践团队后方可进行相关实践活动；
4. 上交团队项目申报表，附活动策划书、安全预案和实践单位或个人接待回执；
5. 按队长、组织策划、外联、媒体联系、项目宣传、拍摄记录、博客发帖、财务管理、生活管理、安全管理等角色进行分工。

流程三 按以下要求聘请指导老师

1. 在辅导员、班主任、专业老师等在职老师中聘请。

2. 指导老师应承诺对实践团队的选题、组织、实践成果整理完成等方面进行指导，关心学生在实践过程中的安全状况。

流程四 按以下要求撰写实践方案

1. 实践主题定位；
2. 实践对象选择；
3. 实践目标确定；
4. 实践项目设计；
5. 实践团队分工；
6. 实践行程安排；
7. 团队设备配置与管理；
8. 团队财务预算与管理；
9. 团队生活安排与管理；
10. 团队安全预案与管理；
11. 赞助商与奖品管理。

流程五 组织实践能力培训活动，做好实践前的各项准备工作

1. 根据实践主题进行角色分工；
2. 明确每个角色应具备的知识、技能和态度；
3. 通过角色扮演进行能力演练。

流程六 团队安全培训

1. 财产和社会安全教育；
2. 明确不可抗力突发事件应对措施；
3. 通过角色扮演进行安全应对演练。

流程七 团队宣传

1. 联系相关媒体；
2. 挖掘新闻材料，反映实践成果；
3. 将宣传稿及相关媒体报道情况反馈学校。

流程八 了解实践报告的结构

1. 题目：简洁明了，通过精练的语言把实践活动的内容和特点明确概括出来。字数要适当，不宜超过 20 个字。可以设副标题。

2. 学院及作者名称：在论文题目下方注明，学院名称应用全称。

3. 摘要：概括实践活动中得到的基本观点、实践方法、取得的成果和结论，字数以 200 字左右为宜，包括：摘要正文和关键词。

4. 正文：包括实践活动的目的意义、相关背景、时间、地点、人员、调查手段，以及对实践活动中得到的结论的详细叙述。要有新观点、新思路；坚持理论联系实际，对实际工作有指导作用和借鉴作用，能提出建设性的意见和建议；报告内容观点鲜明，重点突出，结构合理，条理清晰，文字通畅、精炼。字数一般控制在 8000 字左右。

5. 参考文献：反映调查报告的取材来源、材料的广博程度和材料的可靠程度。

6. 附录：某些不宜放在正文中，但又具有参考价值的内容，可以编入附录中。

流程九 主题实践活动实操

学习路径提示：

1. 在组长主持下按分工实施主题实践活动。

2. 项目助理做好每个活动环节的观测记录。

流程十 团队成员撰写主题实践活动总结

学习路径提示：

1. 回顾完成分管工作的过程和体会。

2. 团队成员帮助完善实践活动回顾。

3. 整理回顾活动材料撰写个人总结。

流程十一 项目组长按下列要求撰写实践报告

1. 通过回答为什么写实践报告，思考并用简洁的文字概括报告主题。

2. 围绕主题收集资料：通过实地调查、社会实践或实习等渠道获得；从校内外图书馆、资料室已有的资料中查找。

3. 拟订提纲：根据调查报告主题的需要拟订结构框架和体系。在起草论文提纲后，可请指导教师审阅修改。

4. 起草：在起草时应尽量做到纲举目张、顺理成章、详略得当、井然有序。

5. 修改、定稿：改正草稿中的缺点或错误，在反复推敲修改后，才能定稿。

流程十二　主题实践报告评分

学习路径提示：

1. 学习实践活动考核标准。

责任文化素质养成实践活动考评表

内容标准			评价标准			等级标准		
序	项目	考评材料	考评内容	分值	主要观测点	初级	中级	高级
	选题与设计	开题报告	主题贴近度	2	问题贴近度 目标贴近度 任务贴近度	5	7	9
			发展贴近度	2	挑战性 自主性 才能发挥			
			个性贴近度	2	个人兴趣贴近度 个人性格贴近度 个人特长贴近度			
			能力覆盖面	2	知识覆盖面 能力覆盖面			
			设计水平	2	内容完整性 形式逻辑性 文本规范性			
	素质水平	素质观测	责任认知	4	明确责任目标 明确责任路径	5	7	9
			责任能力	3	运用责任行动方法 责任行动效果明显			
			责任态度	3	积极主动 认真细致 坚持经常			
	执行过程与方法	行动计划	思路创意过程与方法	15	思路创意建构的组织形式、操作活动、方法技巧	20	28	36
		实践活动总结	组织实施过程与方法	10	组织实施方案制订的组织形式、操作活动、方法技巧			
		实施过程观测	能力形成过程与方法	15	能力表现形式、活动执行、方法技巧			
	成果与效益	实践活动报告	质量	10	科学性体现 创新性体现 实用性体现	15	21	27

续　表

内容标准				评价标准		等级标准		
序	项目	考评材料	考评内容	分值	主要观测点	初级	中级	高级
	成果与效益	实践活动报告	数量	10	工作量数量 独立完成情况 合作完成情况			
			价值	10	促进就业价值 职业发展价值 个性发展价值			
	答辩与表现	答辩陈述 答辩记录	答案正确性	4	要素完整状况 符合规律状况 逻辑性状况	5	7	9
			表达清晰度	3	语句流畅性状况 用词准确性状况 层次清晰度状况			
			内容深浅度	3	符合要求状况 达到水准状况 富有创意状况			

2. 各组推荐质检员组成班级考核小组。
3. 指导教师宣布汇报顺序。
4. 考核组长主持汇报和考核。
5. 各团队按次序汇报。
6. 评委逐个亮分，项目助理统计分数并填写积分表。

项目团队	评分项目	成绩	等级	评分依据
项目组长姓名	选题与设计 能力水平 执行过程与方法 成果与效益 答辩与表现			
项目助理姓名	选题与设计 能力水平 执行过程与方法 成果与效益 答辩与表现			
团队成员姓名	选题与设计 能力水平 执行过程与方法 成果与效益 答辩与表现			

续　表

项目团队	评分项目	成绩	等级	评分依据
团队成员姓名	选题与设计 能力条件准备 执行过程与方法 成果与效益 答辩与表现			
团队成员姓名	选题与设计 能力水平 执行过程与方法 成果与效益 答辩与表现			
团队成员姓名	选题与设计 能力水平 执行过程与方法 成果与效益 答辩与表现			
团队成绩		团队等级		评分依据：
优化建议				

评分人签字：　　　　　　　　　　　　　　　　测评组长签字：

附件：单元计分表

项目团队	评分项目	单项分数							总分
	团队组建	一号	二号	三号	四号	五号	六号		
	活动策划								
	责任认知								
	责任调研								
	责任反思								
	责任担当								
	责任辩论								
	责任训练								
	责任实践								
	团队组建								
	活动策划								
	责任认知								
	责任调研								

续 表

项目团队	评分项目	单项分数							总分
	责任反思								
	责任担当								
	责任辩论								
	责任训练								
	责任实践								
	团队组建								
	活动策划								
	责任认知								
	责任调研								
	责任反思								
	责任担当								
	责任辩论								
	责任训练								
	责任实践								
	团队组建								
	活动策划								
	责任认知								
	责任调研								
	责任反思								
	责任担当								
	责任辩论								
	责任训练								
	责任实践								
	团队组建								
	活动策划								
	责任认知								
	责任调研								
	责任反思								
	责任担当								
	责任辩论								
	责任训练								
	责任实践								

续　表

项目团队	评分项目	单项分数							总分
	团队组建								
	活动策划								
	责任认知								
	责任调研								
	责任反思								
	责任担当								
	责任辩论								
	责任训练								
	责任实践								
	团队组建								
	活动策划								
	责任认知								
	责任调研								
	责任反思								
	责任担当								
	责任辩论								
	责任训练								
	责任实践								
个人总成绩									
团队总成绩									

第六单元

学习责任文化素质养成

课前寄语:学习是学生的天职,是我们获得终身就业与发展能力的主要途径。学习可以改变我们每个人的命运,改变每个家庭的状况,增强企业乃至国家的综合实力。让我们一起体验、参与和实践学习的国家责任、社会责任、集体责任、家庭责任和个人责任主题活动吧!

养成活动一 了解养成任务项目

流程一 阅读下表了解本单元信息

<table>
<tr><td colspan="5">单元名称:学习责任文化素质养成</td><td colspan="4"></td></tr>
<tr><td colspan="2">授课班级</td><td>略</td><td>上课时间</td><td>略</td><td>课时</td><td></td><td>上课地点</td><td>略</td></tr>
<tr><td rowspan="2">养成目标</td><td colspan="4">能力目标</td><td colspan="4">素养目标</td></tr>
<tr><td colspan="4">通过学习责任文化素质养成活动,培养学习国家责任、学习社会责任、学习集体责任、学习家庭责任、学习个人责任能力。</td><td colspan="4">通过学习责任文化素质养成活动,培养学习责任意识和刻苦学习精神。</td></tr>
<tr><td rowspan="2">养成项目与案例</td><td colspan="4">训练项目</td><td colspan="4">相关案例</td></tr>
<tr><td colspan="4">任务 1:学习责任文化素质活动策划
任务 2:学习责任文化素质调研
任务 3:学习责任文化素质认知</td><td colspan="4">《学习责任文化素质活动策划书》
《学习责任文化素质调研报告》
《学习责任文化知识与案例手册》</td></tr>
</table>

续 表

养成项目与案例	训练项目	相关案例
	任务4:学习责任文化素质反思 任务5:学习责任担当 任务6:学习责任文化素质辩论 任务7:学习责任能力训练 任务8:学习责任文化素质主题实践	《学习责任文化素质反思精选》 《学习责任能力训练手册》 《学习责任状》 《学习责任文化辩论赛策划书》 《学习责任文化素质主题实践活动报告》
基础能力要求	知识储备要求	基本技能要求
	1. 了解学习责任文化知识; 2. 了解学习责任行为方式; 3. 活动质量效果评价方法。	信息查询技能;团队合作、组织管理技能。
考核评价重点		考核评价难点
学习责任意识和能力		学习责任意识向学习责任能力迁移

说明:本表属于《单元学习信息》通用模板,学生们按照指导教师的安排,根据所属专业确定具体专业方向。

流程二　通过自学掌握本单元学习信息

学习路径提示:你是否理解上述学习信息,把不理解的疑问写出来,然后通过网上查询,向老师、同学求教,排除你的疑问。

养成活动二　素质养成团队组建

流程一　责任文化素质养成团队组建

学习路径提示:

1. 全班同学自愿报名产生学习责任文化素质养成团队组长候选人。

2. 通过竞聘产生若干学习责任文化素质养成团队组长。

3. 项目组长与全班同学自由组合,按6人一组产生学习团队。

4. 项目组内通过协商、竞聘产生学习团队成员岗位角色,包括学习责任文化素质信息助理、学习责任文化素质传播助理、学习责任文化素质训练助理、学习责任文化素质评价助理、学习责任文化素质竞赛助理。

5. 项目组内通过协商,确定每个团队成员的岗位职能和职责。

流程二 填写下表

团队名称				
团队结构	岗位	姓名	职业特长	本项目职责职能
	项目组长			活动策划主持
	信息助理			知识案例查询
	传播助理			辅助交流、辩论、讲评
	训练助理			辅助能力训练
	竞赛助理			辅助竞赛
	评价助理			辅助素质观测

流程三 上交学习责任文化素质养成团队组建表

学习路径提示：按上交表格先后和填写质量，讲评并确定团队组建成绩。

流程四 组长宣布学习责任文化素质养成团队组建结果

学习路径提示：按礼仪、表达讲评并确定团队组建成绩。

养成活动三 素质养成活动策划

流程一 学习责任主题活动创意策划

学习路径：

1. 各团队填写下表，组建工作团队。

认知策划团队

团队名称				
岗位	姓名	职业特长	职责职能	工作任务
项目助理				
认知知识信息策划员				
方法知识信息策划员				
行动知识信息策划员				

续 表

团队名称				
岗位	姓名	职业特长	职责职能	工作任务
文化知识信息策划员				
态度知识信息策划员				
文字编辑员				
美术编辑员				

反思策划团队

团队名称				
岗位	姓名	职业特长	职责职能	工作任务
项目组长				
认知反思策划				
行动反思策划				
态度反思策划				
价值反思策划				
文本撰写策划				
反思交流策划				
文本编辑策划				

担当策划团队

团队名称				
岗位	姓名	职业特长	职责职能	工作任务
项目组长				
责任目标策划 1				
责任目标策划 2				
责任要求策划 1				
责任要求策划 2				
责任状撰写策划				
责任状编辑策划				
责任担当仪式策划				

辩论策划团队

团队名称				
岗位	姓名	职业特长	职责职能	工作任务
项目组长				
论点策划				
论据策划				
论证策划				
活动策划				
分工策划				
策划书撰写策划				

训练策划团队

团队名称				
岗位	姓名	职业特长	职责职能	工作任务
项目组长				
学习国家责任能力训练策划				
学习社会责任能力训练策划				
学习集体责任能力训练策划				
学习家庭责任能力训练策划				
学习个人责任能力训练策划				

实践策划团队

团队名称				
岗位	姓名	职业特长	职责职能	工作任务
项目组长				
学习国家责任行动策划				
学习社会责任行动策划				
学习集体责任行动策划				
学习家庭责任行动策划				
学习个人责任行动策划				

2. 各团队讨论以下问题，撰写策划书。

(1)所选活动主题的含义是什么，包括哪些方面？

(2)为什么要组织这项活动，最终要达到什么目的？

(3)活动安排在什么时间，什么地点？

(4)活动分几个阶段、几个项目，每个项目有哪些任务？为什么这样设置？

(5)每个活动项目任务通过哪些途径完成？

(6)每项活动项目任务由谁负责？谁配合做哪些辅助工作？

(7)活动有哪些预期成果，谁负责撰写提供？

(8)活动需要配置哪些器材，谁负责准备？

3. 按策划书结构要求撰写策划书。

策划书题目：《×××团队学习责任文化素质实践活动策划方案》。

策划书结构：

(1)活动背景与活动意义。

(2)主题概念界定与目的。

(3)活动项目与任务定位。

(4)活动路径与方法选择。

(5)活动日程与具体安排。

(6)活动预期成果与责任。

流程二 策划书交流考核

学习路径提示：

1. 项目组长主持，在团队内部交流策划书，项目助理记录。

2. 根据讨论结果项目组长修改策划书。

3. 项目组长主持，两个团队交叉评价策划书，项目助理记录。

4. 组长说明评分标准，分解评分项目，将评分结果填入成绩表。

评分项目	分值	得分	等级	评语	评分人
活动目标任务明确性	10				
活动过程设计完整性	20				
活动项目任务落实性	20				
活动日程安排合理性	20				
活动路径设计得当性	10				
活动预期成果有创意	10				
文本语言运用水平	10				

养成活动四 学习责任素质调研

流程一 调研准备

学习路径提示：

1. 在学习国家责任、学习社会责任、学习集体责任、学习家庭责任、学习个人责任五个主题中任选一个，作为本团队调研主题。

2. 在本班级范围内，通过抽签确定两个团队互为调研对象。

3. 项目组长主持，回答下列问题讨论调研活动安排，项目组长记录。

(1)所选调研主题的含义是什么，包括哪些方面？

(2)为什么要调研这个主题，最终要达到什么目的？

(3)调研对象在什么时间，什么地点接受你的调研？

(4)调研分几个项目，每个项目有哪些调研任务？为什么这样设置？

(5)每个调研项目任务通过哪些途径调查？

(6)每个调研项目任务通过什么方法分析？

(7)每项调查项目任务由谁负责？谁配合做哪些辅助工作？

(8)调查获得的材料由谁来整理，谁负责分析？

(9)调研预期有哪些成果，谁负责撰写提供？

(10)调查问卷制作有哪些要求？谁负责制作？

(11)调查座谈提纲有哪些要求，谁负责拟写？

(12)调查器材需要配置哪些器材，谁负责准备？

(13)调查材料分析用什么统计分析方式？

(14)调查材料从哪些角度分析，用什么理论？

(15)每项调研项目任务的时间地点安排。

4. 项目组长整理讨论结果，撰写调研方案。

题目：《×××团队学习责任素质调研方案》。

结构：

(1)调研主题概念界定。

(2)调研目的与意义阐释。

(3)调研项目与任务定位。

(4)调研路径与方法选择。

(5)调研活动日程与安排。

(6)调研预期成果与责任。

流程二　调查实操

学习路径提示：按调研方案安排，通过下列途径完成调查工作。

1. 图书文献调查。
2. 网络信息调查。
3. 现场观测调查。
4. 问卷发放调查。
5. 座谈讨论调查。

流程三　分析实操

学习路径提示：按调研方案安排，通过下列途径完成调查材料分析工作。

1. 调查材料甄别。
2. 调查材料分类。
3. 调查数据统计。
4. 调查材料定性。
5. 提出调研结论。

流程四　调研报告撰写

学习路径提示：

1. 题目：《×××团队学习责任文化素质调研报告》。
2. 结构：

(1)调研背景与意义。
(2)调研目标与任务。
(3)调研对象的选择。
(4)调研过程与方法。
(5)调查获得的材料。
(6)分析获得的认识。
(7)调研取得的结论。
(8)提出的有关建议。

流程五　团队合作报告撰写

学习路径提示：

1. 项目组长主持总结调研团队合作表现，每个成员发言，项目助理记录。
2. 总结的内容包括

(1)承担的项目任务与完成情况；

(2)完成项目任务的具体过程；

(3)完成项目任务的工作态度；

(4)完成项目任务的具体做法；

(5)与团队其他成员的配合如何？

(6)获得了哪些经验体会？

3. 项目组长根据团队成员发言，撰写《×××学习责任素质调研团队合作报告》。

结构：

(1)团队组建背景与目的。

(2)团队的工作目标任务。

(3)团队合作过程与方法。

(4)团队合作态度与表现。

(5)团队合作经验与体会。

(6)团队合作问题与建议。

流程六　调研成果交流考核

学习路径提示：

1. 项目组长主持，在团队内部讨论《×××团队学习责任素质调研报告》，项目助理记录。

2. 根据讨论结果，项目组长修改《×××团队学习责任素质调研报告》。

3. 项目组长主持，两个团队交叉评价《×××学习同学责任素质调研报告》。项目助理记录。

4. 组长说明评分标准，分解评分项目，将评分结果填入成绩表。

评分项目	分值	得分	等级	评语	评分人
目标的明确性	10				
过程的完整性	20				
内容的充实性	20				
方法的得当性	20				
观点的正确性	10				
结论的正确性	10				
语言运用水平	10				

流程七 团队合作交流考核

学习路径提示：

1. 项目组长主持，团队内部讨论《×××团队学习责任素质调研团队合作报告》，项目助理记录。

2. 根据讨论结果项目组长修改《×××团队学习责任素质调研报告》。

3. 项目组长主持，两个团队交叉评价《×××团队学习责任素质调研报告》。项目助理记录。

4. 组长说明评分标准，分解评分项目，将评分结果填入成绩表。

评分项目	分值	得分	等级	评语	评分人
团队组建背景与目的	10				
团队的工作目标任务	20				
团队合作过程与方法	20				
团队合作态度与表现	20				
团队合作经验与体会	10				
团队合作问题与建议	10				

养成活动五 学习责任文化认知

流程一 学习责任文化信息搜索团队组建

学习路径提示：

各养成团队按下表分工，确定团队成员项目任务。

流程二 职业人类责任文化信息搜索团队组建

学习路径提示：

1. 各养成团队信息助理按下表分工，确定团队成员项目任务：

团队名称				
岗位	姓名	职业特长	职责职能	工作任务
信息助理				
认知知识信息员				
方法知识信息员				
行动知识信息员				
文化知识信息员				
态度知识信息员				
文字编辑员				
美术编辑员				

2. 信息员按职责任务搜索学习责任文化信息。

3. 文字编辑、美术编辑编辑《学习责任文化信息手册》。

4.《学习责任文化信息手册》编辑提示：

封面：主编、文字编辑、美术编辑，编者。

目录

前言

第一章　学习责任认知知识举要

　　第一节　学习的国家责任认知知识

　　第二节　学习的社会责任认知知识

　　第三节　学习的集体责任认知知识

　　第四节　学习的家庭责任认知知识

　　第五节　学习的个人责任认知知识

第二章　学习责任方法知识举要

　　第一节　学习的国家责任方法知识

　　第二节　学习的社会责任方法知识

　　第三节　学习的集体责任方法知识

　　第四节　学习的家庭责任方法知识

　　第五节　学习的个人责任方法知识

第三章　学习责任行动知识举要

　　第一节　学习的国家责任行动知识

　　第二节　学习的社会责任行动知识

　　第三节　学习的集体责任行动知识

　　第四节　学习的家庭责任行动知识

　　第五节　学习的个人责任行动知识

第四章　学习责任态度知识举要

流程三　学习责任文化信息交流

学习路径提示：

1. 传播助理主持养成团队内部交流。
2. 文化传播团队主持全班交流。

流程四　学习责任文化认知测评

学习路径提示

1. 测评助理养成团队交叉测评。
2. 素质观测团队分团队测评。
3. 测评主要依据是《学习责任文化信息手册》编写质量等级。

流程五　学习责任认知评分

学习路径提示：

1. 评分方式:通过抽签确定交叉评分对象。
2. 按下列评分标准与成绩表操作。

评分项目	分值	得分	等级	评语	评分人
封面设计水平	10				
内容的完整性	30				
内容的正确性	30				
内容的艺术性	10				
文字编辑水平	10				
美术编辑水平	10				

养成活动六　学习责任素质反思

流程一　学习责任思考

学习路径提示：

1. 树标杆，谈认识：选择一个自己在学习责任素质方面最佩服的人，从学习国家责任、社会责任、集体责任、家庭责任、个人责任几个方面，分析他的学习责任文化素质的知识与技能水平、行为与态度表现、价值与情感取向、理想与境界状况。

2. 找差距，查原因：对照自己最佩服的人学习责任素质，从学习国家责任、社会责任、集体责任、家庭责任、个人责任等方面，分析自己在知识与技能水平、行为与态度表现、价值与情感取向、理想与境界层次等方面存在的不足，并举例说明。在上述基础上查找自己的学习责任素质为什么有许多好的素质，为什么存在这些不足。

3. 明目标，定措施：根据上述分析结果，确立自己学习责任文化素质养成的具体目标，然后说明自己准备通过哪些措施实现自己确定的文化素质养成目标。

流程二　撰写反思评价报告

学习路径提示：

1. 整理上述反思与评价内容，根据《学习责任文化素质反思与评价策划书》，以《学习责任文化素质反思》为题，撰写学习责任反思与评价报告。

2. 可参考以下提示安排结构，撰写提纲。

(1)联系优秀人物谈自己对学习责任的理解与认识，包括内涵、意义价值、成长规律与原因。

(2)对照优秀人物的优秀品质谈自己学习责任的优点与不足。

(3)分析自己学习责任优点与不足的原因。

(4)根据优秀人物的成长过程和规律，确定自己的学习责任提升目标与措施。

以上四个部分的小标题，通过概括上述四个内容确定。每个小标题要写出观点和案例。

流程三　反思策划团队编辑《学习责任文化素质反思精选》

流程四　学习责任文化素质反思交流

学习路径提示：

1. 团队项目组长主持，在团队内部交流《学习责任文化素质反思》。

2. 各团队推选1篇优秀作品在全班交流。

流程五　学习责任文化责任素质反思评分

学习路径提示：

1. 个人作品评分：先通过抽签确定交叉评分对象，然后交叉评分，再填写成绩表。

评分项目	分值	得分	等级	评语	评分人
主题的明确性	15				
结构的完整性	30				
内容的正确性	10				
内容的丰富性	30				
语言运用水平	15				

2. 团队作品评分：先通过抽签确定交叉评分对象，然后交叉评分，再填写成绩表。

评分项目	分值	得分	等级	评语	评分人
封面设计水平	10				
内容的完整性	30				
内容的正确性	30				
内容的艺术性	10				
文字编辑水平	10				
美术编辑水平	10				

养成活动七　学习责任素质辩论

流程一　选择论辩题目并确定正反方

学习路径提示：

1. 各团队论辩题目在下列选题中抽取。

(1)学习与责任密不可分。

(2)学习的责任在于勤奋努力。

(3)学习的责任在于刻苦钻研。

(4)学习的责任在于勤于思考。

(5)学习的责任在于合作探究。

(6)学习的责任在于不断创新。

2. 各团队自愿结对,两个团队互为正反方。

流程二 正反方团队共同做好辩论前准备

学习路径提示:

1. 正反方团队内部分工。

(1)一辩手负责立论陈词,即明确本方论点,界定阐释论题关键词;说明对方论点的错误,从关键词角度说明对方论点的错误。

(2)二辩手负责正面论证,即从正面论证本方论点的正确性,批驳对方论点的正确性。

(3)三辩手负责反面论证,即从反面论证本方论点的正确性,批驳对方论点的正确性。

(4)四辩手负责归纳总结,即概括说明前三个辩手的观点和论证过程,阐释最后的结论。

2. 正反方共同讨论《辩论赛活动策划书》。

3. 正反方共同讨论《辩论赛活动与规则》。

4. 正反方团队成员按角色进行赛前演练。

流程三 学习责任辩论赛

学习路径提示:

1. 指导教师陈词。

2. 辩论正式开始。

3. 指导教师点评。

4. 评价团队按以下标准评分。

个人评分标准

个人得分（100 分）	语言表达	1. 普通话标准、语速适中； 2. 语调平仄合理； 3. 口头、肢体语言和谐； 4. 修辞得当、表达合理； 5. 表达流畅、说理透彻。	20 分
	逻辑推理	1. 逻辑推理过程清晰； 2. 论证结果合理、有力； 3. 善于处理逻辑难点。	20 分
	辩驳能力	1. 提问简明扼要； 2. 设问针对性强、火力强劲； 3. 回答问题精准、处理问题有技巧（攻、守、避合理）； 4. 反驳有理有据、论证有力； 5. 引用实例恰当。	20 分
	临场反应	1. 反应敏捷； 2. 用语得体； 3. 技巧多元得当。	15 分
	整体意识	1. 分工合理、协调一致； 2. 衔接有序、互为攻守； 3. 自由辩论错落有致； 4. 气氛调节有度。	15 分
	综合印象	1. 仪态、着装合理； 2. 台风与辩风； 3. 有风度及幽默感； 4. 尊重对方辩友、评委和观众。	10 分

团队评分标准

团体得分（300 分）	立论陈词	1. 开篇立论逻辑清晰，言简意赅； 2. 论点明晰，论据充足，分析透彻，引证有力； 3. 论据内容丰富，引用资料充分恰当、准确； 4. 分析的角度和层次具有说服力和逻辑性； 5. 语言表达流畅、有文采。	30 分
	对辩辩驳	1. 表达清晰、论证合理而有力； 2. 回答问题精准、处理问题有技巧（攻、守、避合理）； 3. 推理过程合乎逻辑，事实引用得当； 4. 针对性强 ，有理有据。	40 分
	攻辩小结	1. 全面归纳对方的矛盾与差错，并作系统的反驳和攻击； 2. 提问简明，击中要害； 3. 辩护有理有据及有力，说服力强。	20 分
	自由辩论	1. 攻防转换有序，把握论辩主动权； 2. 针对对方的论点、论据进行有力反驳； 3. 坚守并能进一步巩固、扩大阵地。	60 分
	回答提问	根据辩论队的整体形象，从整体配合、语言运用、临场反应（语言、风度、举止、表情）等方面评分。	20 分
	总结陈词	全面总结本方的立场、论证，系统反驳对方的进攻，为本方辩护；语言表达具有说服力和逻辑性。	30 分

续　表

团体得分（300分）	语言风度	1. 用词得当、流畅； 2. 语调抑扬顿挫、语速适中； 3. 表达清晰、层次清楚，逻辑严密。	50分
	团队配合及临场反应	根据辩论队的整体形象，从辩风、整体配合、语言运用、临场反应（语言、风度、举止、表情）等方面评分；有团队精神，相互支持；论辩衔接流畅；反应敏捷，应对能力强；问答形成一个有机整体，有效地打击对方。	50分

5. 填写评分表

团队名称	一辩得分	二辩得分	三辩得分	四辩得分	团体平均分	总分	测评员

养成活动八　学习责任行为担当

流程一　按下表填写学习责任状

×××在宁波城市职业技术学院学习期间学习责任状

责任方(学生个人)：

指导方(辅导员)：

监督方(同班学习)：

监管方(学院领导)：

为打造爱心校园、平安校园，使每一个学生在相互关爱中成长，安全健康地成长，签订本责任状。

一、责任方职责行为目标与要求

1. 学习国家责任行为目标与要求；
2. 学习社会责任行为目标与要求；
3. 学习家庭责任行为目标与要求；
4. 学习集体责任行为目标与要求；
5. 学习个人责任行为目标与要求。

二、指导方职责行为目标与要求

1. 学习国家责任行为指导目标与要求；
2. 学习社会责任行为指导目标与要求；
3. 学习集体责任行为指导目标与要求；
4. 学习家庭责任行为指导目标与要求；
5. 学习个人责任行指导为目标与要求。

三、监督方职责行为目标与要求

1. 学习国家责任行为监督目标与要求；
2. 学习社会责任行为监督目标与要求；
3. 学习集体责任行为监督目标与要求；
4. 学习家庭责任行为监督目标与要求；
5. 学习个人责任行为监督目标与要求。

四、监管方职责

1. 学习责任监管奖惩办法；
2. 学习责任监管实施办法。

五、附则

本责任状双方签字后生效，执行日期自××年××月××日至××年××月××日。

责任方签字：

指导方签字：

监护方签字：

监督方签字：

监管方签字：

流程二　学习责任状签字仪式

流程三　组长主持小组内交流学习责任状

流程四　学习责任状评分

学习路径提示：

先通过抽签确定交叉评分对象，然后交叉评分，再填写成绩表。

评分项目	分值	得分	等级	评语	评分人
主题的明确性	15				
结构的完整性	30				
内容的正确性	10				
内容的丰富性	30				
语言运用水平	15				

养成活动九　学习责任能力训练

流程一　学习责任能力团队组建

学习路径提示：各养成团队按下表分工，确定团队成员项目任务：

团队名称				
岗位	姓名	职业特长	职责职能	工作任务
训练助理				
知识认知训练员				
行动认知训练员				
态度表现训练员				
问题解决训练员				
训练管理员				
文字编辑员				
美术编辑员				

流程二　编写训练手册

学习路径提示：

1. 按团队分工编写训练手册。
2. 团队内部交流修改训练手册。
3. 文字编辑、美术编辑编辑《学习责任能力训练手册》。

《学习责任能力训练手册》提纲：

封面设计
前言
目录
第一章 学习国家责任能力训练
第一节 知识认知训练
训练流程一:明确训练目标
训练流程二:分解训练任务
训练流程三:完成训练准备
训练流程四:实施训练实操
训练流程五:训练效果评估
第二节 行动认知训练
训练流程一:明确训练目标
训练流程二:分解训练任务
训练流程三:完成训练准备
训练流程四:实施训练实操
训练流程五:训练效果评估
第三节 态度表现训练
训练流程一:明确训练目标
训练流程二:分解训练任务
训练流程三:完成训练准备
训练流程四:实施训练实操
训练流程五:训练效果评估
第四节 问题解决训练
训练流程一:明确训练目标
训练流程二:分解训练任务
训练流程三:完成训练准备
训练流程四:实施训练实操
训练流程五:训练效果评估
第二章 学习社会责任能力训练
第一节 知识认知训练
训练流程一:明确训练目标
训练流程二:分解训练任务
训练流程三:完成训练准备
训练流程四:实施训练实操
训练流程五:训练效果评估

训练流程一：明确训练目标
训练流程二：分解训练任务
训练流程三：完成训练准备
训练流程四：实施训练实操
训练流程五：训练效果评估

第二节 行动认知训练

训练流程一：明确训练目标
训练流程二：分解训练任务
训练流程三：完成训练准备
训练流程四：实施训练实操
训练流程五：训练效果评估

第三节 态度表现训练

训练流程一：明确训练目标
训练流程二：分解训练任务
训练流程三：完成训练准备
训练流程四：实施训练实操
训练流程五：训练效果评估

第四节 问题解决训练

训练流程一：明确训练目标
训练流程二：分解训练任务
训练流程三：完成训练准备
训练流程四：实施训练实操
训练流程五：训练效果评估

流程三 训练手册编写质量评比

学习路径提示：先通过抽签确定交叉评分对象，然后交叉评分，再填写成绩表。

评分项目	分值	得分	等级	评语	评分人
封面设计水平	10				
内容的完整性	30				
内容的正确性	30				
内容的艺术性	10				
文字编辑水平	10				
美术编辑水平	10				

流程四 学习责任能力训练

学习路径提示：按训练手册，借助网络学习资源平台训练。

流程五 学习责任能力测评

评分项目	分值	得分	等级	评语	评分人
学习态度	20				
学习方法	20				
学习技能	20				
思维方式	20				
学习评价	20				

养成活动十 学习责任主题实践

流程一 按下列要求确定团队负责人

1. 平时能积极参与学校(学院)的学习实践活动；
2. 遵章守纪，在校期间无任何违法乱纪记录，成绩优良；
3. 有较好的组织领导能力，善于与人沟通。

流程二 按以下要求组团

1. 团队成员数为6人；

2. 选取学习国家责任、社会责任、集体责任、家庭责任、个人责任一个方面，确定实践主题；

3. 向学院申报，经审批确认为学习责任文化实践团队后方可进行相关实践活动；

4. 上交团队项目申报表，附活动策划书、安全预案和实践单位或个人接待回执；

5. 按队长、组织策划、外联、媒体联系、项目宣传、拍摄记录、博客发帖、财务管理、生活管理、安全管理等角色进行分工。

流程三　按以下要求聘请指导老师

1. 在辅导员、班主任、专业老师等在职老师中聘请。

2. 指导老师应承诺对实践团队的选题、组织、实践成果整理完成等方面进行指导，关心学生在实践过程中的安全状况。

流程四　按以下要求撰写实践方案

1. 实践主题定位；
2. 实践对象选择；
3. 实践目标确定；
4. 实践项目设计；
5. 实践团队分工；
6. 实践行程安排；
7. 团队设备配置与管理；
8. 团队财务预算与管理；
9. 团队生活安排与管理；
10. 团队安全预案与管理；
11. 赞助商与奖品管理。

流程五　组织实践能力培训活动，做好实践前的各项准备工作

1. 根据实践主题进行角色分工；
2. 明确每个角色应具备的知识、技能和态度；
3. 通过角色扮演进行能力演练。

流程六　团队安全培训

1. 财产和学习安全教育；
2. 明确不可抗力突发事件应对措施；
3. 通过角色扮演进行安全应对演练。

流程七　团队宣传

1. 联系相关媒体；
2. 挖掘新闻材料，反映实践成果；
3. 将宣传稿及相关媒体报道情况反馈学校。

流程八　了解实践报告的结构

1. 题目：简洁明了，通过精练的语言把实践活动的内容和特点明确概括出来。字数要适当，不宜超过20个字。可以设副标题。

2. 学院及作者名称：在论文题目下方注明，学院名称应用全称。

3. 摘要：概括实践活动中得到的基本观点、实践方法、取得的成果和结论，字数以200字左右为宜，包括：摘要正文和关键词。

4. 正文：包括实践活动的目的意义、相关背景、时间、地点、人员、调查手段，以及对实践活动中得到的结论的详细叙述。要有新观点、新思路；坚持理论联系实际，对实际工作有指导作用和借鉴作用，能提出建设性的意见和建议；报告内容观点鲜明，重点突出，结构合理，条理清晰，文字通畅、精炼。字数一般控制在8000字左右。

5. 参考文献：反映调查报告的取材来源、材料的广博程度和材料的可靠程度。

6. 附录：某些不宜放在正文中，但又具有参考价值的内容，可以编入附录中。

流程九　主题实践活动实操

学习路径提示：

1. 在组长主持下按分工实施主题实践活动。

2. 项目助理做好每个活动环节的观测记录。

流程十　团队成员撰写主题实践活动总结

学习路径提示：

1. 回顾完成分管工作的过程和体会。

2. 团队成员帮助完善实践活动回顾。

3. 整理回顾活动材料撰写个人总结。

流程十一　项目组长按下列要求撰写实践报告

1. 通过回答为什么写实践报告，思考并用简洁的文字概括报告主题。

2. 围绕主题收集资料：通过实地调查、社会实践或实习等渠道获得；从校内外图书馆、资料室已有的资料中查找。

3. 拟订提纲：根据调查报告主题的需要拟订结构框架和体系。在起草论文提纲后，可请指导教师审阅修改。

4. 起草：在起草时应尽量做到纲举目张、顺理成章、详略得当、井然有序。

5. 修改、定稿：改正草稿中的缺点或错误，在反复推敲修改后，才能定稿。

流程十二　主题实践报告评分

学习路径提示：

1. 学习实践活动考核标准。

责任文化素质养成实践活动考评表

内容标准			评价标准			等级标准		
序	项目	考评材料	考评内容	分值	主要观测点	初级	中级	高级
	选题与设计	开题报告	主题贴近度	2	问题贴近度 目标贴近度 任务贴近度	5	7	9
			发展贴近度	2	挑战性 自主性 才能发挥			
			个性贴近度	2	个人兴趣贴近度 个人性格贴近度 个人特长贴近度			
			能力覆盖面	2	知识覆盖面 能力覆盖面			
			设计水平	2	内容完整性 形式逻辑性 文本规范性			
	素质水平	素质观测	责任认知	4	明确责任目标 明确责任路径	5	7	9
			责任能力	3	运用责任行动方法 责任行动效果明显			
			责任态度	3	积极主动 认真细致 坚持经常			
	执行过程与方法	行动计划	思路创意过程与方法	15	思路创意建构的组织形式、操作活动、方法技巧	20	28	36
		实践活动总结	组织实施过程与方法	10	组织实施方案制订的组织形式、操作活动、方法技巧			
		实施过程观测	能力形成过程与方法	15	能力表现形式、活动执行、方法技巧			
	成果与效益	实践活动报告	质量	10	科学性体现 创新性体现 实用性体现	15	21	27

续 表

内容标准				评价标准		等级标准		
序	项目	考评材料	考评内容	分值	主要观测点	初级	中级	高级
	成果与效益	实践活动报告	数量	10	工作量数量 独立完成情况 合作完成情况			
			价值	10	促进就业价值 职业发展价值 个性发展价值			
	答辩与表现	答辩陈述 答辩记录	答案正确性	4	要素完整状况 符合规律状况 逻辑性状况	5	7	9
			表达清晰度	3	语句流畅性状况 用词准确性状况 层次清晰度状况			
			内容深浅度	3	符合要求状况 达到水准状况 富有创意状况			

1. 各组推荐质检员组成班级考核小组。
2. 指导教师宣布汇报顺序。
3. 考核组长主持汇报和考核。
4. 各团队按次序汇报。
5. 评委逐个亮分,项目助理统计分数并填写积分表。

项目团队	评分项目	成绩	等级	评分依据
项目组长姓名	选题与设计 能力水平 执行过程与方法 成果与效益 答辩与表现			
项目助理姓名	选题与设计 能力水平 执行过程与方法 成果与效益 答辩与表现			
团队成员姓名	选题与设计 能力水平 执行过程与方法 成果与效益 答辩与表现			

续 表

项目团队	评分项目	成绩	等级	评分依据
团队成员姓名	选题与设计 能力条件准备 执行过程与方法 成果与效益 答辩与表现			
团队成员姓名	选题与设计 能力水平 执行过程与方法 成果与效益 答辩与表现			
团队成员姓名	选题与设计 能力水平 执行过程与方法 成果与效益 答辩与表现			
团队成绩		团队等级		评分依据：
优化建议				

评分人签字： 测评组长签字：

附件:单元计分表

项目团队	评分项目	单项分数							总分
	团队组建	一号	二号	三号	四号	五号	六号		
	活动策划								
	责任认知								
	责任调研								
	责任反思								
	责任担当								
	责任辩论								
	责任训练								
	责任实践								
	团队组建								
	活动策划								
	责任认知								
	责任调研								

续 表

项目团队	评分项目	单项分数							总分
	责任反思								
	责任担当								
	责任辩论								
	责任训练								
	责任实践								
	团队组建								
	活动策划								
	责任认知								
	责任调研								
	责任反思								
	责任担当								
	责任辩论								
	责任训练								
	责任实践								
	团队组建								
	活动策划								
	责任认知								
	责任调研								
	责任反思								
	责任担当								
	责任辩论								
	责任训练								
	责任实践								
	团队组建								
	活动策划								
	责任认知								
	责任调研								
	责任反思								
	责任担当								
	责任辩论								
	责任训练								
	责任实践								

续　表

项目团队	评分项目	单项分数							总分
	团队组建								
	活动策划								
	责任认知								
	责任调研								
	责任反思								
	责任担当								
	责任辩论								
	责任训练								
	责任实践								
	团队组建								
	活动策划								
	责任认知								
	责任调研								
	责任反思								
	责任担当								
	责任辩论								
	责任训练								
	责任实践								
个人总成绩									
团队总成绩									

第七单元

环境责任文化素质养成

课前寄语：环境是人类赖以生存、发展的共同家园。环境的健康安全是人类繁衍生息、生活发展的基本保障。维护环境健康安全是每一个公民应尽的职责。让我们一起体验、参与和实践自然环境、公共环境、校园环境、社区环境、寝室环境、学习环境健康安全活动吧！

养成活动一　了解养成任务项目

流程一　阅读下表了解本单元信息

<table>
<tr><td colspan="8">单元名称：校园责任文化素质养成</td></tr>
<tr><td>授课班级</td><td>略</td><td>上课时间</td><td>略</td><td>课时</td><td></td><td>上课地点</td><td>略</td></tr>
<tr><td rowspan="2">养成目标</td><td colspan="3">能力目标</td><td colspan="4">素养目标</td></tr>
<tr><td colspan="3">通过校园责任文化素质养成活动，培养尊师能力、安全能力、互助能力、守纪能力、守法能力。</td><td colspan="4">通过校园责任文化素质养成活动，树立校园责任意识，培养奉献精神。</td></tr>
<tr><td rowspan="2">养成项目与案例</td><td colspan="3">训练项目</td><td colspan="4">相关案例</td></tr>
<tr><td colspan="3">任务 1：校园责任文化素质活动策划
任务 2：校园责任文化素质调研
任务 3：校园责任文化素质认知</td><td colspan="4">《校园责任文化素质活动策划书》
《校园责任文化素质调研报告》
《校园责任文化知识与案例手册》</td></tr>
</table>

续　表

<table>
<tr><td rowspan="2">养成项目与案例</td><td>训练项目</td><td>相关案例</td></tr>
<tr><td>任务 4:校园责任文化素质反思
任务 5:校园责任担当
任务 6:校园责任文化素质辩论
任务 7:校园责任能力训练
任务 8:校园责任文化素质主题实践</td><td>《校园责任文化素质反思精选》
《校园责任能力训练手册》
《校园责任状》
《校园责任文化辩论赛策划书》
《校园责任文化素质主题实践活动报告》</td></tr>
<tr><td rowspan="2">基础能力要求</td><td>知识储备要求</td><td>基本技能要求</td></tr>
<tr><td>1. 了解校园责任文化知识;
2. 了解校园责任行为方式;
3. 活动质量效果评价方法。</td><td>信息查询技能;团队合作、组织管理技能。</td></tr>
<tr><td colspan="2">考核评价重点</td><td>考核评价难点</td></tr>
<tr><td colspan="2">校园责任意识和能力</td><td>校园责任意识向校园责任能力迁移</td></tr>
</table>

说明:本表属于《单元环境信息》通用模板,同学们按照指导教师的安排,根据所属专业确定具体专业方向。

流程二　通过自学掌握本单元环境信息

环境路径提示:你是否理解上述环境信息,把不理解的疑问写出来,然后通过网上查询,向老师、同学求教,排除你的疑问。

养成活动二　素质养成团队组建

流程一　责任文化素质养成团队组建

环境路径提示:

1. 全班同学自愿报名产生环境责任文化素质养成团队组长候选人。

2. 通过竞聘产生若干环境责任文化素质养成团队组长。

3. 项目组长与全班同学自由组合,按 6 人一组产生环境团队。

4. 项目组内通过协商、竞聘产生环境团队成员岗位角色,包括环境责任文化素质信息助理、环境责任文化素质传播助理、环境责任文化素质训练助理、环境责任文化素质评价助理、环境责任文化素质竞赛助理。

5. 项目组内通过协商,确定每个团队成员的岗位职能和职责。

流程二　填写下表

团队名称				
团队结构	岗位	姓名	职业特长	本项目职责职能
	项目组长			活动策划主持
	信息助理			知识案例查询
	传播助理			辅助交流、辩论、讲评
	训练助理			辅助能力训练
	竞赛助理			辅助竞赛
	评价助理			辅助素质观测

流程三　上交环境责任文化素质养成团队组建表

环境路径提示：按上交表格先后和填写质量，讲评并确定团队组建成绩。

流程四　组长宣布环境责任文化素质养成团队组建结果

环境路径提示：按礼仪、表达讲评并确定团队组建成绩。

养成活动三　素质养成活动策划

流程一　环境责任文化素质养成活动创意策划

环境路径：

1. 各团队填写下表，组建工作团队。

认知策划团队

团队名称				
岗位	姓名	职业特长	职责职能	工作任务
项目助理				
认知知识信息策划员				
方法知识信息策划员				
行动知识信息策划员				

续　表

团队名称				
岗位	姓名	职业特长	职责职能	工作任务
文化知识信息策划员				
态度知识信息策划员				
文字编辑员				
美术编辑员				

反思策划团队

团队名称				
岗位	姓名	职业特长	职责职能	工作任务
项目组长				
认知反思策划				
行动反思策划				
态度反思策划				
价值反思策划				
文本撰写策划				
反思交流策划				
文本编辑策划				

担当策划团队

团队名称				
岗位	姓名	职业特长	职责职能	工作任务
项目组长				
责任目标策划 1				
责任目标策划 2				
责任要求策划 1				
责任要求策划 2				
责任状撰写策划				
责任状编辑策划				
责任担当仪式策划				

辩论策划团队

团队名称				
岗位	姓名	职业特长	职责职能	工作任务
项目组长				
论点策划				
论据策划				
论证策划				
活动策划				
分工策划				
策划书撰写策划				
策划书撰写策划				

训练策划团队

团队名称				
岗位	姓名	职业特长	职责职能	工作任务
项目组长				
自然环境责任能力训练策划				
公共环境责任能力训练策划				
校园环境责任能力训练策划				
社区环境责任能力训练策划				
寝室环境责任能力训练策划				
学习环境责任能力训练策划				

实践策划团队

团队名称				
岗位	姓名	职业特长	职责职能	工作任务
项目组长				
自然环境责任行动策划				
公共环境责任行动策划				
校园环境责任行动策划				
社区环境责任行动策划				
寝室环境责任行动策划				
学习环境责任行动策划				

2. 各团队讨论以下问题，撰写策划书。

(1)所选活动主题的含义是什么，包括哪些方面？

(2)为什么要组织这项活动，最终要达到什么目的？

(3)活动安排在什么时间，什么地点？

(4)活动分几个阶段、几个项目，每个项目有哪些任务？为什么这样设置？

(5)每个活动项目任务通过哪些途径完成？

(6)每项活动项目任务由谁负责？谁配合做哪些辅助工作？

(7)活动有哪些预期成果，谁负责撰写提供？

(8)活动需要配置哪些器材，谁负责准备？

3. 按策划书结构要求撰写策划书。

策划书题目：《×××团队环境责任文化素质实践活动策划方案》。

策划书结构：

(1)活动背景与活动意义。

(2)主题概念界定与目的。

(3)活动项目与任务定位。

(4)活动路径与方法选择。

(5)活动日程与具体安排。

(6)活动预期成果与责任。

流程二　策划书交流考核

学习路径提示：

1. 项目组长主持，在团队内部交流策划书，项目助理记录。

2. 根据讨论结果项目组长修改策划书。

3. 项目组长主持，两个团队交叉评价策划书，项目助理记录。

4. 组长说明评分标准，分解评分项目，将评分结果填入成绩表。

评分项目	分值	得分	等级	评语	评分人
活动目标任务明确性	10				
活动过程设计完整性	20				
活动项目任务落实性	20				
活动日程安排合理性	20				
活动路径设计得当性	10				
活动预期成果有创意	10				
文本语言运用水平	10				

养成活动四　环境责任素质调研

流程一　调研准备

学习路径提示：

1. 在自然环境责任、公共环境责任、校园环境责任、社区环境责任、寝室环境责任、学习环境六个主题中任选一个，作为本团队调研主题。

2. 在本班级范围内，通过抽签确定两个团队互为调研对象。

3. 项目组长主持，回答下列问题讨论调研活动安排，项目组长记录。

(1)调研主题的含义是什么，包括哪些方面？

(2)为什么要调研这个主题，最终要达到什么目的？

(3)调研对象在什么时间，什么地点接受你的调研？

(4)调研分几个项目，每个项目有哪些调研任务？为什么这样设置？

(5)每个调研项目任务通过哪些途径调查？

(6)每个调研项目任务通过什么方法分析？

(7)每项调查项目任务由谁负责？谁配合做哪些辅助工作？

(8)调查获得的材料由谁来整理，谁负责分析？

(9)调研预期有哪些成果，谁负责撰写提供？

(10)调查问卷制作有哪些要求？谁负责制作？

(11)调查座谈提纲有哪些要求，谁负责拟写？

(12)调查器材需要配置哪些器材，谁负责准备？

(13)调查材料分析用什么统计分析方式？

(14)调查材料从哪些角度分析，用什么理论？

(15)每项调研项目任务的时间地点安排。

4. 项目组长整理讨论结果，撰写调研方案。

题目:《×××团队环境责任素质调研方案》。

结构：

(1)调研主题概念界定。

(2)调研目的与意义阐释。

(3)调研项目与任务定位。

(4)调研路径与方法选择。

(5)调研活动日程与安排。

(6)调研预期成果与责任。

流程二 调查实操

学习路径提示：按调研方案安排，通过下列途径完成调查工作。

1. 图书文献调查。
2. 网络信息调查。
3. 现场观测调查。
4. 问卷发放调查。
5. 座谈讨论调查。

流程三 分析实操

学习路径提示：按调研方案安排，通过下列途径完成调查材料分析工作。

1. 调查材料甄别。
2. 调查材料分类。
3. 调查数据统计。
4. 调查材料定性。
5. 提出调研结论。

流程四 调研报告撰写

学习路径提示：

1. 题目：《×××团队环境责任文化素质调研报告》。
2. 结构：

(1)调研背景与意义。
(2)调研目标与任务。
(3)调研对象的选择。
(4)调研过程与方法。
(5)调查获得的材料。
(6)分析获得的认识。
(7)调研取得的结论。
(8)提出的有关建议。

流程五 团队合作报告撰写

学习路径提示：

1. 项目组长主持总结调研团队合作表现，每个成员发言，项目助理记录。
2. 总结的内容包括

(1)承担的项目任务与完成情况；

(2)完成项目任务的具体过程；

(3)完成项目任务的工作态度；

(4)完成项目任务的具体做法；

(5)与团队其他成员的配合如何？

(6)获得了哪些经验体会？

3. 项目组长根据团队成员发言，撰写《×××环境责任素质调研团队合作报告》。

结构：

(1)团队组建背景与目的。

(2)团队的工作目标任务。

(3)团队合作过程与方法。

(4)团队合作态度与表现。

(5)团队合作经验与体会。

(6)团队合作问题与建议。

流程六　调研成果交流考核

学习路径提示：

1. 项目组长主持，在团队内部讨论《×××团队环境责任素质调研报告》，项目助理记录。

2. 根据讨论结果，项目组长修改《×××团队环境责任素质调研报告》。

3. 项目组长主持，两个团队交叉评价《×××团队环境责任素质调研报告》。项目助理记录。

4. 组长说明评分标准，分解评分项目，将评分结果填入成绩表。

评分项目	分值	得分	等级	评语	评分人
目标的明确性	10				
过程的完整性	20				
内容的充实性	20				
方法的得当性	20				
观点的正确性	10				
结论的正确性	10				
语言运用水平	10				

流程七　团队合作交流考核

学习路径提示：

1. 项目组长主持，团队内部讨论《×××团队环境责任素质调研团队合作报告》，项目助理记录。

2. 根据讨论结果项目组长修改《×××团队环境责任素质调研报告》。

3. 项目组长主持，两个团队交叉评价《×××团队环境责任素质调研报告》。项目助理记录。

4. 组长说明评分标准，分解评分项目，将评分结果填入成绩表。

评分项目	分值	得分	等级	评语	评分人
团队组建背景与目的	10				
团队的工作目标任务	20				
团队合作过程与方法	20				
团队合作态度与表现	20				
团队合作经验与体会	10				
团队合作问题与建议	10				

养成活动五　环境责任文化认知

流程一　环境责任文化信息搜索团队组建

环境路径提示：

1. 各养成团队信息助理按下表分工，确定团队成员项目任务。

流程二　职业人类责任文化信息搜索团队组建

学习路径提示：

1. 各养成团队信息助理按下表分工，确定团队成员项目任务：

团队名称				
岗位	姓名	职业特长	职责职能	工作任务
信息助理				
认知知识信息员				
方法知识信息员				
行动知识信息员				
文化知识信息员				
态度知识信息员				
文字编辑员				
美术编辑员				

2. 信息员按职责任务搜索环境责任文化信息。

3. 文字编辑、美术编辑编辑《环境责任文化信息手册》。

4.《环境责任文化信息手册》编辑提示：

封面：主编、文字编辑、美术编辑，编者。

目录

前言

第一章　环境责任认知知识举要

　　第一节　自然环境责任认知知识

　　第二节　公共环境责任认知知识

　　第三节　校园环境责任认知知识

　　第四节　社区环境责任认知知识

　　第五节　寝室环境责任认知知识

　　第六节　学习环境责任认知知识

第二章　环境责任方法知识举要

　　第一节　自然环境责任方法知识

　　第二节　公共环境责任方法知识

　　第三节　校园环境责任方法知识

　　第四节　社区环境责任方法知识

　　第五节　寝室环境责任方法知识

　　第六节　学习环境责任方法知识

第三章　环境责任行动知识举要

　　第一节　自然环境责任行动知识

　　第二节　公共环境责任行动知识

流程三　环境责任文化信息交流

环境路径提示：

1. 传播助理主持养成团队内部交流。
2. 文化传播团队主持全班交流。

流程四　环境责任文化认知测评

环境路径提示

1. 测评助理养成团队交叉测评。
2. 素质观测团队分团队测评。
3. 测评主要依据是《环境责任文化信息手册》编写质量等级。

流程五　环境责任认知评分

环境路径提示：

1. 评分方式：通过抽签确定交叉评分对象。
2. 按下列评分标准与成绩表操作。

评分项目	分值	得分	等级	评语	评分人
封面设计水平	10				
内容的完整性	30				
内容的正确性	30				
内容的艺术性	10				
文字编辑水平	10				
美术编辑水平	10				

养成活动六　环境责任素质反思

流程一　环境责任文化素质思考

环境路径提示：

1. 树标杆，谈认识：选择一个自己在环境责任素质方面最佩服的人，从自然、公共、校园、社区、寝室、教室环境几个方面，分析他的知识与技能水平、行为与态度表现、价值与情感取向、理想与境界层次。

2. 找差距，查原因：对照自己最佩服的人环境责任素质，从自然、公共、校园、社区、寝室、教室环境等方面查找自己环境责任文化素质在知识与技能水平、行为与态度表现、价值与情感取向、理想与境界层次等方面存在的不足，并举例说明。在上述基础上从社会、家庭、个人三个方面分析自己的环境责任素质为什么有许多好的素质，为什么存在这些不足。

3. 明目标，定措施：根据上述分析结果，确立自己环境责任文化素质养成的具体目标，然后说明自己准备通过哪些措施实现自己确定的文化素质养成目标。

流程二　撰写反思评价报告

环境路径提示：

1. 整理上述反思与评价内容，根据《环境责任文化素质反思策划书》，以《环境责任文化素质反思》为题，撰写环境责任反思与评价报告。

2. 可参考以下提示安排结构，撰写写作提纲。

一、联系优秀人物谈自己对环境责任的理解与认识，包括内涵、意义价值、成长规律与原因。

二、对照优秀人物的优秀品质谈自己环境责任的优点与不足。

三、分析自己环境责任优点与不足的原因。

四、根据优秀人物的成长过程和规律，确定自己的环境责任提升目标与措施。

以上四个部分的小标题，通过概括上述四个内容确定。每个小标题要写出观点和案例。

流程三 反思策划团队编辑《环境责任文化素质反思精选》

流程四 环境责任文化素质反思交流

环境路径提示：

1. 团队项目组长主持，在团队内部交流《环境责任文化素质反思》。
2. 各团队推选1篇优秀作品在全班交流。

流程五 环境责任文化素质反思评分

环境路径提示：

1. 个人作品评分：先通过抽签确定交叉评分对象，然后交叉评分，再填写成绩表。

评分项目	分值	得分	等级	评语	评分人
主题的明确性	15				
结构的完整性	30				
内容的正确性	10				
内容的丰富性	30				
语言运用水平	15				

2. 团队作品评分：先通过抽签确定交叉评分对象，然后交叉评分，再填写成绩表。

评分项目	分值	得分	等级	评语	评分人
封面设计水平	10				
内容的完整性	30				
内容的正确性	30				
内容的艺术性	10				
文字编辑水平	10				
美术编辑水平	10				

养成活动七 环境责任素质辩论

流程一 选择论辩题目并确定正反方

学习路径提示：

1. 各团队论辩题目在下列选题中抽取。

(1)环境与责任密不可分。

(2)环境的责任在于奉献。

(3)环境的责任在于担当。

(4)环境的责任在于珍爱。

(5)环境的责任在于行动。

(6)环境的责任在于自律。

2. 各团队自愿结对，两个团队互为正反方。

流程二 正反方团队共同做好辩论前准备

学习路径提示：

1. 正反方团队内部分工。

(1)一辩手负责立论陈词，即明确本方论点，界定阐释论题关键词；说明对方论点的错误，从关键词角度说明对方论点的错误。

(2)二辩手负责正面论证，即从正面论证本方论点的正确性，批驳对方论点的正确性。

(3)三辩手负责反面论证，即从反面论证本方论点的正确性，批驳对方论点的正确性。

(4)四辩手负责归纳总结，即概括说明前三个辩手的观点和论证过程，阐释最后的结论。

2. 正反方共同讨论《辩论赛活动策划书》。

3. 正反方共同讨论《辩论赛活动与规则》。

4. 正反方团队成员按角色进行赛前演练。

流程三 环境责任辩论赛

环境路径提示：

1. 指导教师陈词。

2. 辩论正式开始。

3. 指导教师点评。

4. 评价团队按以下标准评分。

个人评分标准

个人得分 (100分)	语言表达	1. 普通话标准、语速适中； 2. 语调平仄合理； 3. 口头、肢体语言和谐； 4. 修辞得当、表达合理； 5. 表达流畅、说理透彻。	20分
	逻辑推理	1. 逻辑推理过程清晰； 2. 论证结果合理、有力； 3. 善于处理逻辑难点。	20分
	辩驳能力	1. 提问简明扼要； 2. 设问针对性强、火力强劲； 3. 回答问题精准、处理问题有技巧(攻、守、避合理)； 4. 反驳有理有据、论证有力； 5. 引用实例恰当。	20分
	临场反应	1. 反应敏捷； 2. 用语得体； 3. 技巧多元得当。	15分
	整体意识	1. 分工合理、协调一致； 2. 衔接有序、互为攻守； 3. 自由辩论错落有致；气氛调节有度。	15分
	综合印象	1. 仪态、着装合理； 2. 台风与辩风； 3. 有风度及幽默感； 4. 尊重对方辩友、评委和观众。	10分

团队评分标准

团体得分 (300分)	立论陈词	1. 开篇立论逻辑清晰，言简意赅； 2. 论点明晰，论据充足，分析透彻，引证有力； 3. 论据内容丰富，引用资料充分恰当、准确； 4. 分析的角度和层次具有说服力和逻辑性； 5. 语言表达流畅、有文采。	30分
	对辩辩驳	1. 表达清晰、论证合理而有力； 2. 回答问题精准、处理问题有技巧(攻、守、避合理)； 3. 推理过程合乎逻辑，事实引用得当； 4. 针对性强 ，有理有据。	40分
	攻辩小结	1. 全面归纳对方的矛盾与差错，并作系统的反驳和攻击； 2. 提问简明，击中要害； 3. 辩护有理有据及有力，说服力强。	20分
	自由辩论	1. 攻防转换有序，把握论辩主动权； 2. 针对对方的论点、论据进行有力反驳； 3. 坚守并能进一步巩固、扩大阵地。	60分
	回答提问	根据辩论队的整体形象，从整体配合、语言运用、临场反应(语言、风度、举止、表情)等方面评分。	20分

续 表

团体得分(300分)	总结陈词	全面总结本方的立场、论证,系统反驳对方的进攻,为本方辩护;语言表达具有说服力和逻辑性。	30分
	语言风度	1. 用词得当、流畅; 2. 语调抑扬顿挫、语速适中; 3. 表达清晰、层次清楚,逻辑严密。	50分
	团队配合及临场反应	根据辩论队的整体形象,从辩风、整体配合、语言运用、临场反应(语言、风度、举止、表情)等方面评分。有团队精神,相互支持;论辩衔接流畅;反应敏捷,应对能力强;问答形成一个有机整体,有效地打击对方。	50分

5. 填写评分表:

团队名称	一辩得分	二辩得分	三辩得分	四辩得分	团体平均分	总分	测评员

养成活动八　环境责任行为担当

流程一　按下表填写环境责任状

×××在宁波城市职业技术学院环境期间环境责任状

责任方(学生个人):

指导方(辅导员):

监督方(同班环境):

监管方(学院领导):

为打造爱心校园、平安校园,使每一个学生在相互关爱中成长,安全健康地成长，签订本责任状。

一、责任方职责行为目标与要求

1. 自然环境责任行为目标与要求；

2. 公共环境责任行为目标与要求；

3. 校园环境责任行为目标与要求；

4. 社区环境责任行为目标与要求；

5. 寝室环境责任行为目标与要求；

6. 教室环境责任行为目标与要求。

二、指导方职责行为目标与要求：

1. 自然环境责任行为指导目标与要求；

2. 公共环境责任行为指导目标与要求；

3. 校园环境责任行为指导目标与要求；

4. 社区环境责任行为指导目标与要求；

5. 寝室环境责任指导行为目标与要求；

6. 教室环境责任指导行为目标与要求。

三、监督方职责行为目标与要求

1. 自然环境责任行为监督目标与要求；

2. 公共环境责任行为监督目标与要求；

3. 校园环境责任行为监督目标与要求；

4. 社区环境责任行为监督目标与要求；

5. 寝室环境责任行为监督目标与要求；

6. 教室环境责任行为监督目标与要求。

四、监管方职责

1. 环境责任监管奖惩办法；

2. 环境责任监管实施办法。

五、附则：

本责任状双方签字后生效，执行日期自××年××月××日至××年××月××日。

责任方签字：

指导方签字：

监护方签字：

监督方签字：

监管方签字：

流程二 环境责任状签字仪式

流程三 组长主持小组内交流环境责任状

流程四 环境责任状评分

环境路径提示：

先通过抽签确定交叉评分对象，然后交叉评分，再填写成绩表。

评分项目	分值	得分	等级	评语	评分人
主题的明确性	15				
结构的完整性	30				
内容的正确性	10				
内容的丰富性	30				
语言运用水平	15				

养成活动九　环境责任能力训练

流程一 环境责任能力团队组建

环境路径提示：

1. 各养成团队按下表分工，确定团队成员项目任务：

团队名称				
岗位	姓名	职业特长	职责职能	工作任务
训练助理				
知识认知训练员				
行动认知训练员				
态度表现训练员				
问题解决训练员				
训练管理员				
文字编辑员				
美术编辑员				

流程二　编写训练手册

学习路径提示：

1. 按团队分工编写训练手册。

2. 团队内部交流修改训练手册。

3. 文字编辑、美术编辑编辑《环境责任能力训练手册》。

《环境责任能力训练手册》提纲：

封面设计

前言

目录

第一章　自然环境责任能力训练

　　第一节　知识认知训练

　　　　训练流程一：明确训练目标

　　　　训练流程二：分解训练任务

　　　　训练流程三：完成训练准备

　　　　训练流程四：实施训练实操

　　　　训练流程五：训练效果评估

　　第二节　行动认知训练

　　　　训练流程一：明确训练目标

　　　　训练流程二：分解训练任务

　　　　训练流程三：完成训练准备

　　　　训练流程四：实施训练实操

　　　　训练流程五：训练效果评估

　　第三节　态度表现训练

　　　　训练流程一：明确训练目标

　　　　训练流程二：分解训练任务

　　　　训练流程三：完成训练准备

　　　　训练流程四：实施训练实操

　　　　训练流程五：训练效果评估

　　第四节　问题解决训练

　　　　训练流程一：明确训练目标

　　　　训练流程二：分解训练任务

　　　　训练流程三：完成训练准备

　　　　训练流程四：实施训练实操

　　　　训练流程五：训练效果评估

训练流程四:实施训练实操
训练流程五:训练效果评估

第二节 行动认知训练
训练流程一:明确训练目标
训练流程二:分解训练任务
训练流程三:完成训练准备
训练流程四:实施训练实操
训练流程五:训练效果评估

第三节 态度表现训练
训练流程一:明确训练目标
训练流程二:分解训练任务
训练流程三:完成训练准备
训练流程四:实施训练实操
训练流程五:训练效果评估

第四节 问题解决训练
训练流程一:明确训练目标
训练流程二:分解训练任务
训练流程三:完成训练准备
训练流程四:实施训练实操
训练流程五:训练效果评估

流程三 训练手册编写质量评比

学习路径提示:先通过抽签确定交叉评分对象,然后交叉评分,再填写成绩表。

评分项目	分值	得分	等级	评语	评分人
封面设计水平	10				
内容的完整性	30				
内容的正确性	30				
内容的艺术性	10				
文字编辑水平	10				
美术编辑水平	10				

流程四 环境责任能力训练

学习路径提示:按训练手册,借助网络学习资源平台训练。

流程五　环境责任能力测评

学习路径提示：先通过抽签确定交叉评分对象，然后交叉评分，再填写成绩表。

评分项目	分值	得分	等级	评语	评分人
自然环境责任能力	15				
公共环境责任能力	15				
家庭环境责任能力	15				
校园环境责任能力	15				
社区环境责任能力	15				
寝室环境责任能力	15				
教室环境责任能力	10				

养成活动十　环境责任主题实践

流程一　按下列要求确定团队负责人

1. 平时能积极参与学校(学院)的环境实践活动；
2. 遵章守纪，在校期间无任何违法乱纪记录，成绩优良；
3. 有较好的组织领导能力，善于与人沟通。

流程二　按以下要求组团

1. 团队成员数为 6 人；
2. 选取自然、公共、校园、家庭、社区、寝室、教室环境责任行动一个方面，确定实践主题；
3. 向学院申报，经审批确认为环境责任文化实践团队后方可进行相关实践活动；
4. 上交团队项目申报表，附活动策划书、安全预案和实践单位或个人接待回执；
5. 按队长、组织策划、外联、媒体联系、项目宣传、拍摄记录、博客发帖、财务管理、生活管理、安全管理等角色进行分工。

流程三　按以下要求聘请指导老师

1. 在辅导员、班主任、专业老师等在职老师中聘请。

2. 指导老师应承诺对实践团队的选题、组织、实践成果整理完成等方面进行指导，关心学生在实践过程中的安全状况。

流程四　按以下要求撰写实践方案

1. 实践主题定位；
2. 实践对象选择；
3. 实践目标确定；
4. 实践项目设计；
5. 实践团队分工；
6. 实践行程安排；
7. 团队设备配置与管理；
8. 团队财务预算与管理；
9. 团队生活安排与管理；
10. 团队安全预案与管理；
11. 赞助商与奖品管理。

流程五　组织实践能力培训活动，做好实践前的各项准备工作

1. 根据实践主题进行角色分工；
2. 明确每个角色应具备的知识、技能和态度；
3. 通过角色扮演进行能力演练。

流程六　团队安全培训

1. 财产和环境安全教育；
2. 明确不可抗力突发事件应对措施；
3. 通过角色扮演进行安全应对演练。

流程七　团队宣传

1. 联系相关媒体；
2. 挖掘新闻材料，反映实践成果；
3. 将宣传稿及相关媒体报道情况反馈学校。

流程八 了解实践报告的结构

1. 题目：简洁明了，通过精练的语言把实践活动的内容和特点明确概括出来。字数要适当，不宜超过20个字。可以设副标题。

2. 学院及作者名称：在论文题目下方注明，学院名称应用全称。

3. 摘要：概括实践活动中得到的基本观点、实践方法、取得的成果和结论，字数以200字左右为宜，包括：摘要正文和关键词。

4. 正文：包括实践活动的目的意义、相关背景、时间、地点、人员、调查手段，以及对实践活动中得到的结论的详细叙述。要有新观点、新思路；坚持理论联系实际，对实际工作有指导作用和借鉴作用，能提出建设性的意见和建议；报告内容观点鲜明，重点突出，结构合理，条理清晰，文字通畅、精炼。字数一般控制在8000字左右。

5. 参考文献：反映调查报告的取材来源、材料的广博程度和材料的可靠程度。

6. 附录：某些不宜放在正文中，但又具有参考价值的内容，可以编入附录中。

流程九 主题实践活动实操

学习路径提示：

1. 在组长主持下按分工实施主题实践活动。
2. 项目助理做好每个活动环节的观测记录。

流程十 团队成员撰写主题实践活动总结

学习路径提示：

1. 回顾完成分管工作的过程和体会。
2. 团队成员帮助完善实践活动回顾。
3. 整理回顾活动材料撰写个人总结。

流程十一 项目组长按下列要求撰写实践报告

1. 通过回答为什么写实践报告，思考并用简洁的文字概括报告主题。

2. 围绕主题收集资料：通过实地调查、社会实践或实习等渠道获得；从校内外图书馆、资料室已有的资料中查找。

3. 拟订提纲：根据调查报告主题的需要拟订结构框架和体系。在起草论文提纲后，可请指导教师审阅修改。

4. 起草：在起草时应尽量做到纲举目张、顺理成章、详略得当、井然有序。

5. 修改、定稿：改正草稿中的缺点或错误，在反复推敲修改后，才能定稿。

流程十二 主题实践报告评分

学习路径提示：

1. 学习实践活动考核标准。

责任文化素质养成实践活动考评表

内容标准			评价标准			等级标准		
序	项目	考评材料	考评内容	分值	主要观测点	初级	中级	高级
	选题与设计	开题报告	主题贴近度	2	问题贴近度 目标贴近度 任务贴近度	5	7	9
			发展贴近度	2	挑战性 自主性 才能发挥			
			个性贴近度	2	个人兴趣贴近度 个人性格贴近度 个人特长贴近度			
			能力覆盖面	2	知识覆盖面 能力覆盖面			
			设计水平	2	内容完整性 形式逻辑性 文本规范性			
	素质水平	素质观测	责任认知	4	明确责任目标 明确责任路径	5	7	9
			责任能力	3	运用责任行动方法 责任行动效果明显			
			责任态度	3	积极主动 认真细致 坚持经常			
	执行过程与方法	行动计划	思路创意过程与方法	15	思路创意建构的组织形式、操作活动、方法技巧	20	28	36
		实践活动总结	组织实施过程与方法	10	组织实施方案制订的组织形式、操作活动、方法技巧			
		实施过程观测	能力形成过程与方法	15	能力表现形式、活动执行、方法技巧			
	成果与效益	实践活动报告	质量	10	科学性体现 创新性体现 实用性体现	15	21	27

续 表

内容标准				评价标准		等级标准		
序	项目	考评材料	考评内容	分值	主要观测点	初级	中级	高级
	成果与效益	实践活动报告	数量	10	工作量数量 独立完成情况 合作完成情况			
			价值	10	促进就业价值 职业发展价值 个性发展价值			
	答辩与表现	答辩陈述 答辩记录	答案正确性	4	要素完整状况 符合规律状况 逻辑性状况			
			表达清晰度	3	语句流畅性状况 用词准确性状况 层次清晰度状况	5	7	9
			内容深浅度	3	符合要求状况 达到水准状况 富有创意状况			

2. 各组推荐质检员组成班级考核小组。

3. 指导教师宣布汇报顺序。

4. 考核组长主持汇报和考核。

5. 各团队按次序汇报。

6. 评委逐个亮分，项目助理统计分数并填写积分表。

项目团队	评分项目	成绩	等级	评分依据
项目组长姓名	选题与设计 能力水平 执行过程与方法 成果与效益 答辩与表现			
项目助理姓名	选题与设计 能力水平 执行过程与方法 成果与效益 答辩与表现			
团队成员姓名	选题与设计 能力水平 执行过程与方法 成果与效益 答辩与表现			

续　表

项目团队	评分项目	成绩	等级	评分依据
团队成员姓名	选题与设计 能力条件准备 执行过程与方法 成果与效益 答辩与表现			
团队成员姓名	选题与设计 能力水平 执行过程与方法 成果与效益 答辩与表现			
团队成员姓名	选题与设计 能力水平 执行过程与方法 成果与效益 答辩与表现			
团队成绩		团队等级		评分依据：
优化建议				

评分人签字：　　　　　　　　　　　　测评组长签字：

附件：单元计分表

项目团队	评分项目	单项分数							总分
	团队组建	一号	二号	三号	四号	五号	六号		
	活动策划								
	责任认知								
	责任调研								
	责任反思								
	责任担当								
	责任辩论								
	责任训练								
	责任实践								
	团队组建								
	活动策划								
	责任认知								
	责任调研								

续 表

项目团队	评分项目	单项分数							总分
	责任反思								
	责任担当								
	责任辩论								
	责任训练								
	责任实践								
	团队组建								
	活动策划								
	责任认知								
	责任调研								
	责任反思								
	责任担当								
	责任辩论								
	责任训练								
	责任实践								
	团队组建								
	活动策划								
	责任认知								
	责任调研								
	责任反思								
	责任担当								
	责任辩论								
	责任训练								
	责任实践								
	团队组建								
	活动策划								
	责任认知								
	责任调研								
	责任反思								
	责任担当								
	责任辩论								
	责任训练								
	责任实践								

续 表

项目团队	评分项目	单项分数						总分
	团队组建							
	活动策划							
	责任认知							
	责任调研							
	责任反思							
	责任担当							
	责任辩论							
	责任训练							
	责任实践							
	团队组建							
	活动策划							
	责任认知							
	责任调研							
	责任反思							
	责任担当							
	责任辩论							
	责任训练							
	责任实践							
个人总成绩								
团队总成绩								

第八单元

校园责任文化素质养成

课前寄语：校园是我们学习、生活和活动的公共空间，一个安全、健康、文明、有活力的校园，是我们安定、愉悦地学习、生活和活动的保证。创建和维护校园文明和谐，是我们每一个同学的共同责任。让我们一起体验、参与和实践校园文明和谐实践活动吧！

养成活动一　了解养成任务项目

流程一　阅读下表了解本单元信息

<table>
<tr><td colspan="4">单元名称:环境责任文化素质养成</td><td colspan="4"></td></tr>
<tr><td>授课班级</td><td>略</td><td>上课时间</td><td>略</td><td>课时</td><td></td><td>上课地点</td><td>略</td></tr>
<tr><td rowspan="2">养成目标</td><td colspan="3">能力目标</td><td colspan="4">素养目标</td></tr>
<tr><td colspan="3">通过环境责任文化素质养成活动，培养自然环境责任、公共环境责任、校园环境责任、社区环境责任、寝室环境责任、学习环境责任能力。</td><td colspan="4">通过环境责任文化素质养成活动，树立环境保护意识。</td></tr>
<tr><td rowspan="2">养成项目与案例</td><td colspan="3">训练项目</td><td colspan="4">相关案例</td></tr>
<tr><td colspan="3">任务 1:环境责任文化素质活动策划
任务 2:环境责任文化素质调研
任务 3:环境责任文化素质认知</td><td colspan="4">《环境责任文化素质活动策划书》
《环境责任文化素质调研报告》
《环境责任文化知识与案例手册》</td></tr>
</table>

续　表

养成项目与案例	训练项目	相关案例
	任务 4:环境责任文化素质反思 任务 5:环境责任担当 任务 6:环境责任文化素质辩论 任务 7:环境责任能力训练 任务 8:环境责任文化素质主题实践	《环境责任文化素质反思精选》 《环境责任能力训练手册》 《环境责任状》 《环境责任文化辩论赛策划书》 《环境责任文化素质主题实践活动报告》
基础能力要求	知识储备要求	基本技能要求
	1. 了解环境责任文化知识; 2. 了解环境责任行为方式; 3. 活动质量效果评价方法。	信息查询技能;团队合作、组织管理技能。
考核评价重点		考核评价难点
环境责任意识和能力		环境责任意识向学习责任能力迁移

说明:本表属于《单元校园信息》通用模板,同学们按照指导教师的安排,根据所属专业确定具体专业方向。

流程二　通过自学掌握本单元校园信息

校园路径提示:你是否理解上述校园信息,把不理解的疑问写出来,然后通过网上查询,向老师、同学求教,排除你的疑问。

养成活动二　素质养成团队组建

流程一　责任文化素质养成团队组建

校园路径提示:

1. 全班同学自愿报名产生校园责任文化素质养成团队组长候选人。

2. 通过竞聘产生若干校园责任文化素质养成团队组长。

3. 项目组长与全班同学自由组合,按 6 人一组产生校园团队。

4. 项目组内通过协商、竞聘产生校园团队成员岗位角色,包括校园责任文化素质信息助理、校园责任文化素质传播助理、校园责任文化素质训练助理、校园责任文化素质评价助理、校园责任文化素质竞赛助理。

5. 项目组内通过协商,确定每个团队成员的岗位职能和职责。

流程二 填写下表

团队名称				
团队结构	岗位	姓名	职业特长	本项目职责职能
	项目组长			活动策划主持
	信息助理			知识案例查询
	传播助理			辅助交流、辩论、讲评
	训练助理			辅助能力训练
	竞赛助理			辅助竞赛
	评价助理			辅助素质观测

流程三 上交校园责任文化素质养成团队组建表

校园路径提示：按上交表格先后和填写质量，讲评并确定团队组建成绩。

流程四 组长宣布校园责任文化素质养成团队组建结果

校园路径提示：按礼仪、表达讲评并确定团队组建成绩。

养成活动三 素质养成活动策划

流程一 校园责任文化素质养成活动创意策划

学习路径提示：

1. 各团队填写下表，组建工作团队。

认知策划团队

团队名称				
岗位	姓名	职业特长	职责职能	工作任务
项目助理				
认知知识信息策划员				
方法知识信息策划员				
行动知识信息策划员				

续 表

团队名称				
岗位	姓名	职业特长	职责职能	工作任务
文化知识信息策划员				
态度知识信息策划员				
文字编辑员				
美术编辑员				

反思策划团队

团队名称				
岗位	姓名	职业特长	职责职能	工作任务
项目组长				
认知反思策划				
行动反思策划				
态度反思策划				
价值反思策划				
文本撰写策划				
反思交流策划				
文本编辑策划				

担当策划团队

团队名称				
岗位	姓名	职业特长	职责职能	工作任务
项目组长				
责任目标策划 1				
责任目标策划 2				
责任要求策划 1				
责任要求策划 2				
责任状撰写策划				
责任状编辑策划				
责任担当仪式策划				

辩论策划团队

团队名称				
岗位	姓名	职业特长	职责职能	工作任务
项目组长				
论点策划				
论据策划				
论证策划				
活动策划				
分工策划				
策划书撰写策划				
策划书撰写策划				

训练策划团队

团队名称				
岗位	姓名	职业特长	职责职能	工作任务
项目组长				
尊师训练策划				
互助训练策划				
守纪训练策划				
守法训练策划				
安全训练策划				

实践策划团队

团队名称				
岗位	姓名	职业特长	职责职能	工作任务
项目组长				
尊师行动策划				
安全行动策划				
守纪行动策划				
守法行动策划				
互助行动策划				

2. 各团队讨论以下问题，撰写策划书。

(1)所选活动主题的含义是什么，包括哪些方面？

(2)为什么要组织这项活动，最终要达到什么目的？

(3)活动安排在什么时间，什么地点？

(4)活动分几个阶段、几个项目，每个项目有哪些任务？为什么这样设置？

(5)每个活动项目任务通过哪些途径完成？

(6)每项活动项目任务由谁负责？谁配合做哪些辅助工作？

(7)活动有哪些预期成果，谁负责撰写提供？

(8)活动需要配置哪些器材，谁负责准备？

3. 按策划书结构要求撰写策划书。

策划书题目：《×××团队校园责任文化素质实践活动策划方案》。

策划书结构：

(1)活动背景与活动意义。

(2)主题概念界定与目的。

(3)活动项目与任务定位。

(4)活动路径与方法选择。

(5)活动日程与具体安排。

(6)活动预期成果与责任。

流程二　策划书交流考核

学习路径提示：

1. 项目组长主持，在团队内部交流策划书，项目助理记录。

2. 根据讨论结果项目组长修改策划书。

3. 项目组长主持，两个团队交叉评价策划书，项目助理记录。

4. 组长说明评分标准，分解评分项目，将评分结果填入成绩表。

评分项目	分值	得分	等级	评语	评分人
活动目标任务明确性	10				
活动过程设计完整性	20				
活动项目任务落实性	20				
活动日程安排合理性	20				
活动路径设计得当性	10				
活动预期成果有创意	10				
文本语言运用水平	10				

养成活动四　校园责任素质调研

流程一　调研准备

学习路径提示：

1. 在尊师、安全、互助、守纪、守法五个主题中任选一个，作为本团队调研主题。

2. 在本班级范围内，通过抽签确定两个团队互为调研对象。

3. 项目组长主持，回答下列问题，讨论调研活动安排，项目组长记录。

(1)所选集体责任调研主题的含义是什么，包括哪些方面？

(2)为什么要调研这个主题，最终要达到什么目的？

(3)调研对象在什么时间，什么地点接受你的调研？

(4)调研分几个项目，每个项目有哪些调研任务？为什么这样设置？

(5)每个调研项目任务通过哪些途径调查？

(6)每个调研项目任务通过什么方法分析？

(7)每项调查项目任务由谁负责？谁配合做哪些辅助工作？

(8)调查获得的材料由谁来整理，谁负责分析？

(9)调研预期有哪些成果，谁负责撰写提供？

(10)调查问卷制作有哪些要求？谁负责制作？

(11)调查座谈提纲有哪些要求，谁负责拟写？

(12)调查器材需要配置哪些器材，谁负责准备？

(13)调查材料分析用什么统计分析方式？

(14)调查材料从哪些角度分析，用什么理论？

(15)每项调研项目任务的时间地点安排。

4. 项目组长整理讨论结果，撰写调研方案。

题目：《×××团队集体责任素质调研方案》。

结构：

(1)调研主题概念界定。

(2)调研目的与意义阐释。

(3)调研项目与任务定位。

(4)调研路径与方法选择。

(5)调研活动日程与安排。

(6)调研预期成果与责任。

流程二 调查实操

学习路径提示：按调研方案安排，通过下列途径完成调查工作。

1. 图书文献调查。
2. 网络信息调查。
3. 现场观测调查。
4. 问卷发放调查。
5. 座谈讨论调查。

流程三 分析实操

学习路径提示：按调研方案安排，通过下列途径完成调查材料分析工作。

1. 调查材料甄别。
2. 调查材料分类。
3. 调查数据统计。
4. 调查材料定性。
5. 提出调研结论。

流程四 调研报告撰写

学习路径提示：

1. 题目：《×××团队校园责任文化素质调研报告》。
2. 结构：

(1)调研背景与意义。
(2)调研目标与任务。
(3)调研对象的选择。
(4)调研过程与方法。
(5)调查获得的材料。
(6)分析获得的认识。
(7)调研取得的结论。
(8)提出的有关建议。

流程五 团队合作报告撰写

学习路径提示：

1. 项目组长主持总结调研团队合作表现，每个成员发言，项目助理记录。
2. 总结的内容包括

(1)承担的项目任务与完成情况；

(2)完成项目任务的具体过程；

(3)完成项目任务的工作态度；

(4)完成项目任务的具体做法；

(5)与团队其他成员的配合如何？

(6)获得了哪些经验体会？

3. 项目组长根据团队成员发言，撰写《×××校园责任素质调研团队合作报告》。

结构：

(1)团队组建背景与目的。

(2)团队的工作目标任务。

(4)团队合作过程与方法。

(5)团队合作态度与表现。

(6)团队合作经验与体会。

(7)团队合作问题与建议。

流程六 调研成果交流考核

学习路径提示：

1. 项目组长主持，在团队内部讨论《×××团队校园责任素质调研报告》，项目助理记录。

2. 根据讨论结果项目组长修改《×××团队校园学责任素质调研报告》。

3. 项目组长主持，两个团队交叉评价《×××团队校园责任素质调研报告》。项目助理记录。

4. 组长说明评分标准，分解评分项目，将评分结果填入成绩表。

评分项目	分值	得分	等级	评语	评分人
目标的明确性	10				
过程的完整性	20				
内容的充实性	20				
方法的得当性	20				
观点的正确性	10				
结论的正确性	10				
语言运用水平	10				

流程七　团队合作交流考核

学习路径提示：

1. 项目组长主持，团队内部讨论《×××团队校园责任素质调研团队合作报告》，项目助理记录。

2. 根据讨论结果项目组长修改《×××团队校园责任素质调研报告》。

3. 项目组长主持，两个团队交叉评价《×××团队校园责任素质调研报告》。项目助理记录。

4. 组长说明评分标准，分解评分项目，将评分结果填写成绩表。

评分项目	分值	得分	等级	评语	评分人
团队组建背景与目的	10				
团队的工作目标任务	20				
团队合作过程与方法	20				
团队合作态度与表现	20				
团队合作经验与体会	10				
团队合作问题与建议	10				

养成活动五　校园责任文化认知

流程一　校园责任文化信息搜索团队组建

校园路径提示：

1. 各养成团队按下表分工，确定团队成员项目任务。

流程二　职业人类责任文化信息搜索团队组建

学习路径提示：

1. 各养成团队信息助理按下表分工，确定团队成员项目任务：

团队名称				
岗位	姓名	职业特长	职责职能	工作任务
信息助理				
认知知识信息员				
方法知识信息员				

续 表

团队名称				
岗位	姓名	职业特长	职责职能	工作任务
行动知识信息员				
文化知识信息员				
态度知识信息员				
文字编辑员				
美术编辑员				

2. 信息员按职责任务搜索校园责任文化信息：

3. 文字编辑、美术编辑编辑《校园责任文化信息手册》。

4.《校园责任文化信息手册》编辑提纲：

封面：主编、文字编辑、美术编辑，编者。

目录

前言

第一章　校园责任认知知识举要

　　第一节　尊师责任认知知识

　　第二节　安全责任认知知识

　　第三节　互助责任认知知识

　　第四节　守纪责任认知知识

　　第五节　守法责任认知知识

第二章　校园责任方法知识举要

　　第一节　尊师责任方法知识

　　第二节　安全责任方法知识

　　第三节　互助责任方法知识

　　第四节　守纪责任方法知识

　　第五节　守法责任方法知识

第三章　校园责任行动知识举要

　　第一节　尊师责任行动知识

　　第二节　安全责任行动知识

　　第三节　互助责任行动知识

　　第四节　守纪责任行动知识

　　第五节　守法责任行动知识

第四章　校园责任态度知识举要

　　第一节　尊师责任态度知识

第二节　安全责任态度知识
第三节　互助责任态度知识
第四节　守纪责任态度知识
第五节　守法责任态度知识
第五章　校园责任文化知识举要
第一节　尊师责任文化知识
第二节　安全责任文化知识
第三节　互助责任文化知识
第四节　守纪责任文化知识
第五节　守法责任文化知识
后记

流程三　校园责任文化信息交流

校园路径提示：

1. 传播助理主持养成团队内部交流。
2. 文化传播团队主持全班交流。

流程四　校园责任文化认知测评

校园路径提示

1. 测评助理养成团队交叉测评。
2. 素质观测团队分团队测评。
3. 测评主要依据是《校园责任文化信息手册》编写质量等级。

流程五　校园责任认知评分

校园路径提示：

1. 评分方式：通过抽签确定交叉评分对象。
2. 按下列评分标准与成绩表操作。

评分项目	分值	得分	等级	评语	评分人
封面设计水平	10				
内容的完整性	30				
内容的正确性	30				
内容的艺术性	10				
文字编辑水平	10				
美术编辑水平	10				

养成活动六　校园责任素质反思

流程一　校园责任思考

校园路径提示：

1. 树标杆，谈认识：选择一个自己在校园责任素质方面最佩服的人，从尊师、互助、安全、守法、守纪等方面，分析他的知识与技能水平、行为与态度表现、价值与情感取向、理想与境界层次。

2. 找差距，查原因：对照自己最佩服的人校园责任素质，从尊师、互助、安全、守法、守纪等方面查找自己在知识与技能水平、行为与态度表现、价值与情感取向、理想与境界层次等方面存在的不足，并举例说明。在上述基础上查找自己的校园责任素质为什么有许多好的素质，为什么存在这些不足。

3. 明目标，定措施：根据上述分析结果，确立自己校园责任文化素质养成的具体目标，然后说明自己准备通过哪些措施实现自己确定的文化素质养成目标。

流程二　撰写反思报告

校园路径提示：

1. 整理上述反思与内容，根据《校园责任文化素质反思策划书》，以《校园责任文化素质反思》为题，撰写校园责任反思与评价报告。

2. 可参考以下提示安排结构，撰写写作提纲。

(1)联系优秀人物谈自己对校园责任的理解与认识，包括内涵、意义价值、成长规律与原因。

(2)对照优秀人物的优秀品质谈自己校园责任的优点与不足。

(3)分析自己校园责任优点与不足的原因。

(4)根据优秀人物的成长过程和规律，确定自己的校园责任提升目标与措施。

以上四个部分的小标题，通过概括上述四个内容确定。每个小标题要写出观点和案例。

流程三　反思策划团队编辑《校园责任文化素质反思精选》

流程四　校园责任文化素质反思交流

校园路径提示：

1. 团队项目组长主持，在团队内部交流《校园责任文化素质反思》。

2. 各团队推选1篇优秀作品在全班交流。

流程五　校园责任文化素质反思评分

校园路径提示：

1. 个人作品评分：先通过抽签确定交叉评分对象，然后交叉评分，再填写成绩表。

评分项目	分值	得分	等级	评语	评分人
主题的明确性	15				
结构的完整性	30				
内容的正确性	10				
内容的丰富性	30				
语言运用水平	15				

2. 团队作品评分：先通过抽签确定交叉评分对象，然后交叉评分，再填写成绩表。

评分项目	分值	得分	等级	评语	评分人
封面设计水平	10				
内容的完整性	30				
内容的正确性	30				
内容的艺术性	10				
文字编辑水平	10				
美术编辑水平	10				

养成活动七　校园责任素质辩论

流程一　选择论辩题目并确定正反方

校园路径提示：

1. 各团队论辩题目在下列选题中抽取。

(1)校园与责任密不可分。

(2)校园的责任在于奉献。

(3)校园的责任在于担当。

(4)校园的责任在于珍爱。

(5)校园的责任在于自律。

(6)校园的责任在于主动。

2. 各团队自愿结对,两个团队互为正反方。

流程二　正反方团队共同做好辩论前准备

学习路径提示:

1. 正反方团队内部分工。

(1)一辩手负责立论陈词,即明确本方论点,界定阐释论题关键词;说明对方论点的错误,从关键词角度说明对方论点的错误。

(2)二辩手负责正面论证,即从正面论证本方论点的正确性,批驳对方论点的正确性。

(3)三辩手负责反面论证,即从反面论证本方论点的正确性,批驳对方论点的正确性。

(4)四辩手负责归纳总结,即概括说明前三个辩手的观点和论证过程,阐释最后的结论。

2. 正反方共同讨论《辩论赛活动策划书》。

3. 正反方共同讨论《辩论赛活动与规则》。

4. 正反方团队成员按角色进行赛前演练。

流程三　校园责任辩论赛

校园路径提示:

1. 指导教师陈词。

2. 辩论正式开始。

3. 指导教师点评。

4. 评价团队按以下标准评分。

个人评分标准

个人得分（100分）	语言表达	1. 普通话标准、语速适中； 2. 语调平仄合理； 3. 口头、肢体语言和谐； 4. 修辞得当、表达合理； 5. 表达流畅、说理透彻。	20分
	逻辑推理	1. 逻辑推理过程清晰； 2. 论证结果合理、有力； 3. 善于处理逻辑难点。	20分
	辩驳能力	1. 提问简明扼要； 2. 设问针对性强、火力强劲； 3. 回答问题精准、处理问题有技巧(攻、守、避合理)； 4. 反驳有理有据、论证有力； 5. 引用实例恰当。	20分
	临场反应	1. 反应敏捷； 2. 用语得体； 3. 技巧多元得当。	15分
	整体意识	1. 分工合理、协调一致； 2. 衔接有序、互为攻守； 3. 自由辩论错落有致；气氛调节有度。	15分
	综合印象	1. 仪态、着装合理； 2. 台风与辩风； 3. 有风度及幽默感； 4. 尊重对方辩友、评委和观众。	10分

团队评分标准

团体得分（300分）	立论陈词	1. 开篇立论逻辑清晰，言简意赅； 2. 论点明晰，论据充足，分析透彻，引证有力； 3. 论据内容丰富，引用资料充分恰当、准确； 4. 分析的角度和层次具有说服力和逻辑性； 5. 语言表达流畅、有文采。	30分
	对辩辩驳	1. 表达清晰、论证合理而有力； 2. 回答问题精准、处理问题有技巧(攻、守、避合理)； 3. 推理过程合乎逻辑，事实引用得当； 4. 针对性强 ，有理有据。	40分
	攻辩小结	1. 全面归纳对方的矛盾与差错，并作系统的反驳和攻击； 2. 提问简明，击中要害； 3. 辩护有理有据及有力，说服力强。	20分
	自由辩论	1. 攻防转换有序，把握论辩主动权； 2. 针对对方的论点、论据进行有力反驳； 3. 坚守并能进一步巩固、扩大阵地。	60分
	回答提问	根据辩论队的整体形象，从整体配合、语言运用、临场反应(语言、风度、举止、表情)等方面评分。	20分
	总结陈词	全面总结本方的立场、论证，系统反驳对方的进攻，为本方辩护；语言表达具有说服力和逻辑性。	30分

续 表

团体得分 (300分)	语言风度	1. 用词得当、流畅； 2. 语调抑扬顿挫、语速适中； 3. 表达清晰、层次清楚，逻辑严密。	50分
	团队配合及临场反应	根据辩论队的整体形象，从辩风、整体配合、语言运用、临场反应(语言、风度、举止、表情)等方面评分；有团队精神，相互支持；论辩衔接流畅；反应敏捷，应对能力强；问答形成一个有机整体，有效地打击对方。	50分

5. 填写评分表

团队名称	一辩得分	二辩得分	三辩得分	四辩得分	团体平均分	总分	测评员

养成活动八　校园责任行为担当

流程一　按下表填写校园责任状

×××在宁波城市职业技术学院校园期间校园责任状

责任方(学生个人)：

指导方(辅导员)：

监督方(同班校园)：

监管方(学院领导)：

为打造爱心校园、平安校园，使每一个学生在相互关爱中成长，安全健康地成长，签订本责任状。

一、责任方职责行为目标与要求

1. 尊师责任行为目标与要求；
2. 互助责任行为目标与要求；
3. 守纪责任行为目标与要求；
4. 守法责任行为目标与要求；
5. 安全责任行为目标与要求。

二、指导方职责行为目标与要求

1. 尊师责任行为指导目标与要求；
2. 互助责任行为指导目标与要求；
3. 守纪责任行为指导目标与要求；
4. 守法责任行为指导目标与要求；
5. 安全责任行为指导目标与要求。

三、监督方职责行为目标与要求

1. 尊师责任行为监督目标与要求；
2. 互助责任行为监督目标与要求；
3. 守纪责任行为监督目标与要求；
4. 守法责任行为监督目标与要求；
5. 安全责任行为监督目标与要求。

四、监管方职责

1. 校园责任监管奖惩办法；
2. 校园责任监管实施办法。

五、附则：

本责任状双方签字后生效，执行日期自××年××月××日至××年××月××日。

责任方签字：

指导方签字：

监护方签字：

监督方签字：

监管方签字：

流程二　校园责任状签字仪式

流程三　组长主持小组内交流校园责任状

流程四　校园责任状评分

校园路径提示：

先通过抽签确定交叉评分对象，然后交叉评分，再填写成绩表。

评分项目	分值	得分	等级	评语	评分人
主题的明确性	15				
结构的完整性	30				
内容的正确性	10				
内容的丰富性	30				
语言运用水平	15				

养成活动九　校园责任能力训练

流程一　校园责任能力团队组建

校园路径提示：

1. 各养成团队按下表分工，确定团队成员项目任务：

团队名称				
岗位	姓名	职业特长	职责职能	工作任务
训练助理				
知识认知训练员				
行动认知训练员				
态度表现训练员				
问题解决训练员				
训练管理员				
文字编辑员				
美术编辑员				

流程二　编写训练手册

学习路径提示：

1. 按团队分工编写训练手册。
2. 团队内部交流修改训练手册。
3. 文字编辑、美术编辑编辑《校园责任能力训练手册》。

《校园责任能力训练手册》提纲：

封面设计

前言

目录

第一章 尊师责任能力训练

第一节 知识认知训练

训练流程一：明确训练目标

训练流程二：分解训练任务

训练流程三：完成训练准备

训练流程四：实施训练实操

训练流程五：训练效果评估

第二节 行动认知训练

训练流程一：明确训练目标

训练流程二：分解训练任务

训练流程三：完成训练准备

训练流程四：实施训练实操

训练流程五：训练效果评估

第三节 态度表现训练

训练流程一：明确训练目标

训练流程二：分解训练任务

训练流程三：完成训练准备

训练流程四：实施训练实操

训练流程五：训练效果评估

第四节 问题解决训练

训练流程一：明确训练目标

训练流程二：分解训练任务

训练流程三：完成训练准备

训练流程四：实施训练实操

训练流程五：训练效果评估

第二章 互助责任能力训练

第一节 知识认知训练

训练流程一：明确训练目标

训练流程二：分解训练任务

训练流程三：完成训练准备

训练流程四：实施训练实操

第一节　知识认知训练
　　训练流程一:明确训练目标
　　训练流程二:分解训练任务
　　训练流程三:完成训练准备
　　训练流程四:实施训练实操
　　训练流程五:训练效果评估
第二节　行动认知训练
　　训练流程一:明确训练目标
　　训练流程二:分解训练任务
　　训练流程三:完成训练准备
　　训练流程四:实施训练实操
　　训练流程五:训练效果评估
第三节　态度表现训练
　　训练流程一:明确训练目标
　　训练流程二:分解训练任务
　　训练流程三:完成训练准备
　　训练流程四:实施训练实操
　　训练流程五:训练效果评估
第四节　问题解决训练
　　训练流程一:明确训练目标
　　训练流程二:分解训练任务
　　训练流程三:完成训练准备
　　训练流程四:实施训练实操
　　训练流程五:训练效果评估

流程三　训练手册编写质量评比

学习路径提示:先通过抽签确定交叉评分对象,然后交叉评分,再填写成绩表。

评分项目	分值	得分	等级	评语	评分人
封面设计水平	10				
内容的完整性	30				
内容的正确性	30				
内容的艺术性	10				
文字编辑水平	10				
美术编辑水平	10				

流程四　校园责任能力训练

学习路径提示：按训练手册，借助网络学习资源平台训练。

流程五　生命责任能力测评

学习路径提示：先通过抽签确定交叉评分对象，然后交叉评分，再填写成绩表。

评分项目	分值	得分	等级	评语	评分人
尊师能力	20				
互助能力	20				
安全能力	20				
守纪能力	20				
守法能力	20				

养成活动十　校园责任主题实践

流程一　按下列要求确定团队负责人

1. 平时能积极参与学校(学院)的校园实践活动；
2. 遵章守纪，在校期间无任何违法乱纪记录，成绩优良；
3. 有较好的组织领导能力，善于与人沟通。

流程二　按以下要求组团

1. 团队成员数为 6 人；
2. 选取尊师、互助、安全、守法、守纪一个方面，确定实践主题；
3. 向学院申报，经审批确认为校园责任文化实践团队后方可进行相关实践活动；
4. 上交团队项目申报表，附活动策划书、安全预案和实践单位或个人接待回执；
5. 按队长、组织策划、外联、媒体联系、项目宣传、拍摄记录、博客发帖、财务管理、生活管理、安全管理等角色进行分工。

流程三　按以下要求聘请指导老师

1. 在辅导员、班主任、专业老师等在职老师中聘请。

2. 指导老师应承诺对实践团队的选题、组织、实践成果整理完成等方面进行指导，关心学生在实践过程中的安全状况。

流程四　按以下要求撰写实践方案

1. 实践主题定位；
2. 实践对象选择；
3. 实践目标确定；
4. 实践项目设计；
5. 实践团队分工；
6. 实践行程安排；
7. 团队设备配置与管理；
8. 团队财务预算与管理；
9. 团队生活安排与管理；
10. 团队安全预案与管理；
11. 赞助商与奖品管理。

流程五　组织实践能力培训活动，做好实践前的各项准备工作

1. 根据实践主题进行角色分工；
2. 明确每个角色应具备的知识、技能和态度；
3. 通过角色扮演进行能力演练。

流程六　团队安全培训

1. 财产和校园安全教育；
2. 明确不可抗力突发事件应对措施；
3. 通过角色扮演进行安全应对演练。

流程七　团队宣传

1. 联系相关媒体；
2. 挖掘新闻材料，反映实践成果；
3. 将宣传稿及相关媒体报道情况反馈学校。

流程八　了解实践报告的结构

1. 题目：简洁明了，通过精练的语言把实践活动的内容和特点明确概括出来。字数要适当，不宜超过 20 个字。可以设副标题。

2. 学院及作者名称：在论文题目下方注明，学院名称应用全称。

3. 摘要：摘要概括地实践活动中得到的基本观点、实践方法、取得的成果和结论，字数以 200 字左右为宜，包括：摘要正文和关键词。

4. 正文：包括实践活动的目的意义、相关背景、时间、地点、人员、调查手段，以及对实践活动中得到的结论的详细叙述。要有新观点、新思路；坚持理论联系实际，对实际工作有指导作用和借鉴作用，能提出建设性的意见和建议；报告内容观点鲜明，重点突出，结构合理，条理清晰，文字通畅、精炼。字数一般控制在 8000 字左右。

5. 参考文献：反映调查报告的取材来源、材料的广博程度和材料的可靠程度。

6. 附录：某些不宜放在正文中，但又具有参考价值的内容，可以编入附录中。

流程九　主题实践活动实操

学习路径提示：

1. 在组长主持下按分工实施主题实践活动。
2. 项目助理做好每个活动环节的观测记录。

流程十　团队成员撰写主题实践活动总结

学习路径提示：

1. 回顾完成分管工作的过程和体会。
2. 团队成员帮助完善实践活动回顾。
3. 整理回顾活动材料撰写个人总结。

流程十一　项目组长按下列要求撰写实践报告

1. 通过回答为什么写实践报告，思考并用简洁的文字概括报告主题。

2. 围绕主题收集资料：通过实地调查、社会实践或实习等渠道获得；从校内外图书馆、资料室已有的资料中查找。

3. 拟订提纲：根据调查报告主题的需要拟订结构框架和体系。在起草论文提纲后，可请指导教师审阅修改。

4. 起草：在起草时应尽量做到纲举目张、顺理成章、详略得当、井然有序。

5. 修改、定稿：改正草稿中的缺点或错误，在反复推敲修改后，才能定稿。

流程十二 主题实践报告评分

学习路径提示：

1. 学习实践活动考核标准。

责任文化素质养成实践活动考评表

内容标准				评价标准		等级标准		
序	项目	考评材料	考评内容	分值	主要观测点	初级	中级	高级
	选题与设计	开题报告	主题贴近度	2	问题贴近度 目标贴近度 任务贴近度	5	7	9
			发展贴近度	2	挑战性 自主性 才能发挥			
			个性贴近度	2	个人兴趣贴近度 个人性格贴近度 个人特长贴近度			
			能力覆盖面	2	知识覆盖面 能力覆盖面			
			设计水平	2	内容完整性 形式逻辑性 文本规范性			
	素质水平	素质观测	责任认知	4	明确责任目标 明确责任路径	5	7	9
			责任能力	3	运用责任行动方法 责任行动效果明显			
			责任态度	3	积极主动 认真细致 坚持经常			
	执行过程与方法	行动计划	思路创意过程与方法	15	思路创意建构的组织形式、操作活动、方法技巧	20	28	36
		实践活动总结	组织实施过程与方法	10	组织实施方案制订的组织形式、操作活动、方法技巧			
		实施过程观测	能力形成过程与方法	15	能力表现形式、活动执行、方法技巧			
	成果与效益	实践活动报告	质量	10	科学性体现 创新性体现 实用性体现	15	21	27

续　表

内容标准				评价标准		等级标准		
序	项目	考评材料	考评内容	分值	主要观测点	初级	中级	高级
	成果 与 效益	实践活动报告	数量	10	工作量数量 独立完成情况 合作完成情况			
			价值	10	促进就业价值 职业发展价值 个性发展价值			
	答辩 与 表现	答辩陈述 答辩记录	答案正确性	4	要素完整状况 符合规律状况 逻辑性状况			
			表达清晰度	3	语句流畅性状况 用词准确性状况 层次清晰度状况	5	7	9
			内容深浅度	3	符合要求状况 达到水准状况 富有创意状况			

1. 各组推荐质检员组成班级考核小组。
2. 指导教师宣布汇报顺序。
3. 考核组长主持汇报和考核。
4. 各团队按次序汇报。
5. 评委逐个亮分，项目助理统计分数并填写积分表。

项目团队	评分项目	成绩	等级	评分依据
项目组长姓名	选题与设计 能力水平 执行过程与方法 成果与效益 答辩与表现			
项目助理姓名	选题与设计 能力水平 执行过程与方法 成果与效益 答辩与表现			
团队成员姓名	选题与设计 能力水平 执行过程与方法 成果与效益 答辩与表现			

续　表

项目团队	评分项目	成绩	等级	评分依据
团队成员姓名	选题与设计 能力条件准备 执行过程与方法 成果与效益 答辩与表现			
团队成员姓名	选题与设计 能力水平 执行过程与方法 成果与效益 答辩与表现			
团队成员姓名	选题与设计 能力水平 执行过程与方法 成果与效益 答辩与表现			
团队成绩		团队等级		评分依据：
优化建议				

评分人签字：　　　　　　　　　　　　　测评组长签字：

附件：单元计分表

项目团队	评分项目	单项分数							总分
	团队组建	一号	二号	三号	四号	五号	六号		
	活动策划								
	责任认知								
	责任调研								
	责任反思								
	责任担当								
	责任辩论								
	责任训练								
	责任实践								
	团队组建								
	活动策划								
	责任认知								
	责任调研								

续 表

项目团队	评分项目	单项分数							总分
	责任反思								
	责任担当								
	责任辩论								
	责任训练								
	责任实践								
	团队组建								
	活动策划								
	责任认知								
	责任调研								
	责任反思								
	责任担当								
	责任辩论								
	责任训练								
	责任实践								
	团队组建								
	活动策划								
	责任认知								
	责任调研								
	责任反思								
	责任担当								
	责任辩论								
	责任训练								
	责任实践								
	团队组建								
	活动策划								
	责任认知								
	责任调研								
	责任反思								
	责任担当								
	责任辩论								
	责任训练								
	责任实践								

续 表

项目团队	评分项目	单项分数							总分
	团队组建								
	活动策划								
	责任认知								
	责任调研								
	责任反思								
	责任担当								
	责任辩论								
	责任训练								
	责任实践								
	团队组建								
	活动策划								
	责任认知								
	责任调研								
	责任反思								
	责任担当								
	责任辩论								
	责任训练								
	责任实践								
个人总成绩									
团队总成绩									

第九单元

恋爱责任文化素质养成

课前寄语：恋爱是人类美好情感的永恒主题，然而建立和维护恋爱健康持续发展的关键则是恋爱责任。让我们一起体验、参与和实践恋爱的彼此忠诚、坦诚相待、共同发展、彼此宽容、关爱对方、相互维护、健康高雅的主题活动吧！

养成活动一　了解养成任务项目

流程一　阅读下表了解本单元信息

<table>
<tr><td colspan="8">单元名称：恋爱责任文化素质养成</td></tr>
<tr><td colspan="2">授课班级</td><td>略</td><td>上课时间</td><td>略</td><td>课时</td><td></td><td>上课地点　略</td></tr>
<tr><td rowspan="2">养成目标</td><td colspan="4">能力目标</td><td colspan="3">素养目标</td></tr>
<tr><td colspan="4">通过恋爱责任文化素质养成活动，培养彼此忠诚、坦诚相待、共同发展、彼此宽容、关爱对方、相互维护、健康高雅的能力。</td><td colspan="3">通过恋爱责任文化素质养成活动，树立志同道合、信任理解的恋爱观，培养恋爱与学业相互促进的恋爱精神。</td></tr>
<tr><td rowspan="2">养成项目与案例</td><td colspan="4">训练项目</td><td colspan="3">相关案例</td></tr>
<tr><td colspan="4">任务 1：恋爱责任文化素质活动策划
任务 2：恋爱责任文化素质调研
任务 3：恋爱责任文化素质认知</td><td colspan="3">《恋爱责任文化素质活动策划书》
《恋爱责任文化素质调研报告》
《恋爱责任文化知识与案例手册》</td></tr>
</table>

续　表

养成项目与案例	训练项目	相关案例
	任务 4:恋爱责任文化素质反思 任务 5:恋爱责任担当 任务 6:恋爱责任文化素质辩论 任务 7:恋爱责任能力训练 任务 8:恋爱责任文化素质主题实践	《恋爱责任文化素质反思精选》 《恋爱责任能力训练手册》 《恋爱责任状》 《恋爱责任文化辩论赛策划书》 《恋爱责任文化素质主题实践活动报告》
基础能力要求	知识储备要求	基本技能要求
	1. 了解恋爱责任文化知识; 2. 了解恋爱责任行为方式; 3. 活动质量效果评价方法。	信息查询技能;团队合作、组织管理技能。
考核评价重点		考核评价难点
恋爱责任意识和能力		恋爱责任意识向恋爱责任能力迁移

说明:本表属于《单元学习信息》通用模板,同学们按照指导教师的安排,根据所属专业确定具体专业方向。

流程二　通过自学掌握本单元学习信息

学习路径提示:你是否理解上述学习信息,把不理解的疑问写出来,然后通过网上查询,向老师、同学求教,排除你的疑问。

养成活动二　素质养成团队组建

流程一　责任文化素质养成团队组建

学习路径提示:

1. 全班同学自愿报名产生恋爱责任文化素质养成团队组长候选人。

2. 通过竞聘产生若干恋爱责任文化素质养成团队组长。

3. 项目组长与全班同学自由组合,按 6 人一组产生学习团队。

4. 项目组内通过协商、竞聘产生学习团队成员岗位角色,包括恋爱责任文化素质信息助理、恋爱责任文化素质传播助理、恋爱责任文化素质训练助理、恋爱责任文化素质评价助理、恋爱责任文化素质竞赛助理。

5. 项目组内通过协商,确定每个团队成员的岗位职能和职责。

流程二　**填写下表**

团队名称				
团队结构	岗位	姓名	职业特长	本项目职责职能
	项目组长			活动策划主持
	信息助理			知识案例查询
	传播助理			辅助交流、辩论、讲评
	训练助理			辅助能力训练
	竞赛助理			辅助竞赛
	评价助理			辅助素质观测

流程三　**上交恋爱责任文化素质养成团队组建表**

学习路径提示：按上交表格先后和填写质量，讲评并确定团队组建成绩。

流程四　**组长宣布恋爱责任文化素质养成团队组建结果**

学习路径提示：按礼仪、表达讲评并确定团队组建成绩。

养成活动三　素质养成活动策划

流程一　**恋爱责任文化素质养成活动创意策划**

学习路径：

1. 各团队填写下表，组建工作团队。

认知策划团队

团队名称				
岗位	姓名	职业特长	职责职能	工作任务
项目助理				
认知知识信息策划员				
方法知识信息策划员				
行动知识信息策划员				

续 表

团队名称				
岗位	姓名	职业特长	职责职能	工作任务
文化知识信息策划员				
态度知识信息策划员				
文字编辑员				
美术编辑员				

反思策划团队

团队名称				
岗位	姓名	职业特长	职责职能	工作任务
项目组长				
认知反思策划				
行动反思策划				
态度反思策划				
价值反思策划				
文本撰写策划				
反思交流策划				
文本编辑策划				

担当策划团队

团队名称				
岗位	姓名	职业特长	职责职能	工作任务
项目组长				
责任目标策划 1				
责任目标策划 2				
责任要求策划 1				
责任要求策划 2				
责任状撰写策划				
责任状编辑策划				
责任担当仪式策划				

辩论策划团队

团队名称				
岗位	姓名	职业特长	职责职能	工作任务
项目组长				
论点策划				
论据策划				
论证策划				
活动策划				
分工策划				
策划书撰写策划				

训练策划团队

团队名称				
岗位	姓名	职业特长	职责职能	工作任务
项目组长				
彼此忠诚训练策划				
坦诚相待训练策划				
共同发展训练策划				
关爱对方训练策划				
相互维护训练策划				
健康高雅训练策划				

实践策划团队

团队名称				
岗位	姓名	职业特长	职责职能	工作任务
项目组长				
彼此忠诚行动策划				
坦诚相待行动策划				
共同发展行动策划				
关爱对方行动策划				
相互维护行动策划				
健康高雅行动策划				

2. 各团队讨论以下问题，撰写策划书。

(1)所选活动主题的含义是什么，包括哪些方面？

(2)为什么要组织这项活动，最终要达到什么目的？

(3)活动安排在什么时间，什么地点？

(4)活动分几个阶段、几个项目，每个项目有哪些任务？为什么这样设置？

(5)每个活动项目任务通过哪些途径完成？

(6)每项活动项目任务由谁负责？谁配合做哪些辅助工作？

(7)活动有哪些预期成果，谁负责撰写提供？

(8)活动需要配置哪些器材，谁负责准备？

3. 按策划书结构要求撰写策划书：

策划书题目：《×××团队恋爱责任文化素质实践活动策划方案》。

策划书结构：

(1)活动背景与活动意义。

(2)主题概念界定与目的。

(3)活动项目与任务定位。

(4)活动路径与方法选择。

(5)活动日程与具体安排。

(6)活动预期成果与责任。

流程二 策划书交流考核

学习路径提示：

1. 项目组长主持，在团队内部交流策划书，项目助理记录。

2. 根据讨论结果项目组长修改策划书。

3. 项目组长主持，两个团队交叉评价策划书，项目助理记录。

4. 组长说明评分标准，分解评分项目，将评分结果填入成绩表。

评分项目	分值	得分	等级	评语	评分人
活动目标任务明确性	10				
活动过程设计完整性	20				
活动项目任务落实性	20				
活动日程安排合理性	20				
活动路径设计得当性	10				
活动预期成果有创意	10				
文本语言运用水平	10				

养成活动四　恋爱责任素质调研

流程一　调研准备

学习路径提示：

1. 在彼此忠诚、坦诚相待、共同发展、彼此宽容、关爱对方、相互维护、健康高雅七个主题中任选一个，作为本团队调研主题。

2. 在本班级范围内，通过抽签确定两个团队互为调研对象。

3. 项目组长主持，回答下列问题，讨论调研活动安排，项目组长记录。

(1)所选调研主题的含义是什么，包括哪些方面？

(2)为什么要调研这个主题，最终要达到什么目的？

(3)调研对象在什么时间，什么地点接受你的调研？

(4)调研分几个项目，每个项目有哪些调研任务？为什么这样设置？

(5)每个调研项目任务通过哪些途径调查？

(6)每个调研项目任务通过什么方法分析？

(7)每项调查项目任务由谁负责？谁配合做哪些辅助工作？

(8)调查获得的材料由谁来整理，谁负责分析？

(9)调研预期有哪些成果，谁负责撰写提供？

(10)调查问卷制作有哪些要求？谁负责制作？

(11)调查座谈提纲有哪些要求，谁负责拟写？

(12)调查器材需要配置哪些器材，谁负责准备？

(13)调查材料分析用什么统计分析方式？

(14)调查材料从哪些角度分析，用什么理论？

(15)每项调研项目任务的时间地点安排。

4. 项目组长整理讨论结果，撰写调研方案。

题目：《×××团队恋爱责任素质调研方案》。

结构：

(1)调研主题概念界定。

(2)调研目的与意义阐释。

(3)调研项目与任务定位。

(4)调研路径与方法选择。

(5)调研活动日程与安排。

(6)调研预期成果与责任。

流程二 调查实操

学习路径提示：按调研方案安排，通过下列途径完成调查工作。

1. 图书文献调查。
2. 网络信息调查。
3. 现场观测调查。
4. 问卷发放调查。
5. 座谈讨论调查。

流程三 分析实操

学习路径提示：按调研方案安排，通过下列途径完成调查材料分析工作。

1. 调查材料甄别。
2. 调查材料分类。
3. 调查数据统计。
4. 调查材料定性。
5. 提出调研结论。

流程四 调研报告撰写

学习路径提示：

1. 题目：《×××团队恋爱责任文化素质调研报告》。
2. 结构：

(1)调研背景与意义。
(2)调研目标与任务。
(3)调研对象的选择。
(4)调研过程与方法。
(5)调查获得的材料。
(6)分析获得的认识。
(7)调研取得的结论。
(8)提出的有关建议。

流程五 团队合作报告撰写

学习路径提示：

1. 项目组长主持总结调研团队合作表现，每个成员发言，项目助理记录。
2. 总结的内容包括

(1)承担的项目任务与完成情况；

(2)完成项目任务的具体过程；

(3)完成项目任务的工作态度；

(4)完成项目任务的具体做法；

(5)与团队其他成员的配合如何？

(6)获得了哪些经验体会？

3. 项目组长根据团队成员发言，撰写《×××同学责任素质调研团队合作报告》。

结构：

(1)团队组建背景与目的。

(2)团队的工作目标任务。

(3)团队合作过程与方法。

(4)团队合作态度与表现。

(5)团队合作经验与体会。

(6)团队合作问题与建议。

流程六 调研成果交流考核

学习路径提示：

1. 项目组长主持，在团队内部讨论《×××团队恋爱责任素质调研报告》，项目助理记录。

2. 根据讨论结果项目组长修改《×××团队恋爱责任素质调研报告》。

3. 项目组长主持，两个团队交叉评价《×××团队恋爱责任素质调研报告》。项目助理记录。

4. 组长说明评分标准，分解评分项目，将评分结果填入成绩表。

评分项目	分值	得分	等级	评语	评分人
目标的明确性	10				
过程的完整性	20				
内容的充实性	20				
方法的得当性	20				
观点的正确性	10				
结论的正确性	10				
语言运用水平	10				

流程七 团队合作交流考核

学习路径提示：

1. 项目组长主持，团队内部讨论《×××团队恋爱责任素质调研团队合作报告》，项目助理记录。

2. 根据讨论结果项目组长修改《×××团队恋爱责任素质调研报告》。

3. 项目组长主持，两个团队交叉评价《×××团队恋爱责任素质调研报告》。项目助理记录。

4. 组长说明评分标准，分解评分项目，将评分结果填入成绩表。

评分项目	分值	得分	等级	评语	评分人
团队组建背景与目的	10				
团队的工作目标任务	20				
团队合作过程与方法	20				
团队合作态度与表现	20				
团队合作经验与体会	10				
团队合作问题与建议	10				

养成活动五 恋爱责任文化认知

流程一 恋爱责任文化信息搜索团队组建

学习路径提示：

1. 各养成团队按下表分工，确定团队成员项目任务：

流程二 职业人类责任文化信息搜索团队组建

学习路径提示：

1. 各养成团队信息助理按下表分工，确定团队成员项目任务：

团队名称				
岗位	姓名	职业特长	职责职能	工作任务
信息助理				
认知知识信息员				

续表

团队名称				
岗位	姓名	职业特长	职责职能	工作任务
方法知识信息员				
行动知识信息员				
文化知识信息员				
态度知识信息员				
文字编辑员				
美术编辑员				

2. 信息员按职责任务搜索恋爱责任文化信息：

3. 文字编辑、美术编辑编辑《恋爱责任文化信息手册》。

4.《恋爱责任文化信息手册》编辑提纲：

封面：主编、文字编辑、美术编辑，编者。

目录

前言

第一章　恋爱责任认知知识举要

　　第一节　彼此忠诚责任认知知识

　　第二节　坦诚相待责任认知知识

　　第三节　共同发展责任认知知识

　　第四节　彼此宽容责任认知知识

　　第五节　关爱对方责任认知知识

　　第六节　相互维护责任认知知识

　　第七节　健康高雅责任认知知识

第二章　恋爱责任方法知识举要

　　第一节　彼此忠诚责任方法知识

　　第二节　坦诚相待责任方法知识

　　第三节　共同发展责任方法知识

　　第四节　彼此宽容责任方法知识

　　第五节　关爱对方责任方法知识

　　第六节　相互维护责任方法知识

　　第七节　健康高雅责任方法知识

第三章　恋爱责任行动知识举要

　　第一节　彼此忠诚责任行动知识

　　第二节　坦诚相待责任行动知识

流程三　恋爱责任文化信息交流

学习路径提示：

1. 传播助理主持养成团队内部交流。
2. 文化传播团队主持全班交流。

流程四　恋爱责任文化认知测评

学习路径提示

1. 测评助理养成团队交叉测评。
2. 素质观测团队分团队测评。
3. 测评主要依据是《恋爱责任文化信息手册》编写质量等级。

流程五　恋爱责任认知评分

学习路径提示：

1. 评分方式：通过抽签确定交叉评分对象。

2. 按下列评分标准与成绩表操作。

评分项目	分值	得分	等级	评语	评分人
封面设计水平	10				
内容的完整性	30				
内容的正确性	30				
内容的艺术性	10				
文字编辑水平	10				
美术编辑水平	10				

养成活动六　恋爱责任素质反思

流程一　恋爱责任思考

学习路径提示：

1. 树标杆，谈认识：选择一个自己在恋爱责任文化素质方面最佩服的人，从彼此忠诚、坦诚相待、共同发展、彼此宽容、关爱对方、相互维护、健康高雅几个方面，分析他的恋爱责任文化素质知识与技能水平、行为与态度表现、价值与情感取向、理想与境界。

2. 找差距，查原因：对照自己最佩服的人恋爱责任文化素质，从彼此忠诚、坦诚相待、共同发展、彼此宽容、关爱对方、相互维护、健康高雅几个方面，查找自己恋爱责任素质在知识与技能水平、行为与态度表现、价值与情感取向、理想与境界层次方面存在的不足，并举例说明。在上述基础上，从社会、家庭和自身三个方面分析自己的恋爱责任素质为什么有许多好的素质，为什么存在这些不足。

3. 明目标，定措施：根据上述分析结果，确立自己恋爱责任文化素质养成的具体目标，然后说明自己准备通过哪些措施实现自己确定的文化素质养成目标。

流程二　撰写反思报告

学习路径提示：

1. 整理上述反思内容，根据《恋爱责任文化素质反思策划书》，以《恋爱责任文化素质反思》为题，撰写恋爱责任文化素质反思报告。

2. 可参考以下内容提示安排作文结构，撰写作文提纲。

(1)联系优秀人物谈自己对恋爱责任的理解与认识，包括内涵、意义价值、成长规律与原因。

(2)对照优秀人物的恋爱责任文化素质，谈自己恋爱责任文化素质的优点与不足。

(3)分析自己恋爱责任文化素质优点与不足的原因。

(4)根据优秀人物的成长过程和规律，确定自己的恋爱责任提升目标与措施。

四个部分的小标题，通过概括上述四个内容确定。每个小标题要写出观点和案例。

流程三　反思策划团队编辑《恋爱责任文化素质反思精选》

流程四　恋爱责任认知交流

学习路径提示：

1. 团队项目组长主持，在团队内部交流《恋爱责任素质反思》。

2. 各团队推选1篇优秀作品在全班交流。

流程五　恋爱责任文化素质反思评分

学习路径提示：

1. 个人作品评分：先通过抽签确定交叉评分对象，然后交叉评分，再填写成绩表。

评分项目	分值	得分	等级	评语	评分人
主题的明确性	15				
结构的完整性	30				
内容的正确性	10				
内容的丰富性	30				
语言运用水平	15				

2. 团队作品评分：先通过抽签确定交叉评分对象，然后交叉评分，再填写成绩表。

评分项目	分值	得分	等级	评语	评分人
封面设计水平	10				
内容的完整性	30				
内容的正确性	30				
内容的艺术性	10				
文字编辑水平	10				
美术编辑水平	10				

养成活动七　恋爱责任素质辩论

流程一　选择论辩题目并确定正反方

学习路径提示：

1. 各团队论辩题目在下列选题中抽取。

(1)恋爱与责任密不可分。

(2)恋爱的责任在于奉献。

(3)恋爱的责任在于担当。

(4)恋爱的责任在于忠诚。

(5)恋爱的责任在于宽容。

(6)恋爱的责任在于坦诚。

(7)恋爱的责任在于健康。

(8)恋爱的责任在于共同进步。

2. 各团队自愿结对，两个团队互为正反方。

流程二　正反方团队共同做好辩论前准备

学习路径提示：

1. 正反方团队内部分工。

(1)一辩手负责立论陈词，即明确本方论点，界定阐释论题关键词；说明对方论点的错误，从关键词角度说明对方论点的错误。

(2)二辩手负责正面论证，即从正面论证本方论点的正确性，批驳对方论点的正确性。

(3)三辩手负责反面论证，即从反面论证本方论点的正确性，批驳对方论点的正确性。

(4)四辩手负责归纳总结,即概括说明前三个辩手的观点和论证过程,阐释最后的结论。

2. 正反方共同讨论《辩论赛活动策划书》。

3. 正反方共同讨论《辩论赛活动与规则》。

4. 正反方团队成员按角色进行赛前演练。

流程三　恋爱责任辩论赛

学习路径提示:

1. 指导教师陈词。

2. 辩论正式开始。

3. 指导教师点评。

4. 评价团队按以下标准评分。

个人评分标准

个人得分(100分)	语言表达	1. 普通话标准、语速适中; 2. 语调平仄合理; 3. 口头、肢体语言和谐; 4. 修辞得当、表达合理; 5. 表达流畅、说理透彻。	20分
	逻辑推理	1. 逻辑推理过程清晰; 2. 论证结果合理、有力; 3. 善于处理逻辑难点。	20分
	辩驳能力	1. 提问简明扼要; 2. 设问针对性强、火力强劲; 3. 回答问题精准、处理问题有技巧(攻、守、避合理); 4. 反驳有理有据、论证有力; 5. 引用实例恰当。	20分
	临场反应	1. 反应敏捷; 2. 用语得体; 3. 技巧多元得当。	15分
	整体意识	1. 分工合理、协调一致; 2. 衔接有序、互为攻守; 3. 自由辩论错落有致;气氛调节有度。	15分
	综合印象	1. 仪态、着装合理; 2. 台风与辩风; 3. 有风度及幽默感; 4. 尊重对方辩友、评委和观众。	10分

团队评分标准

团体得分 (300分)	立论陈词	1. 开篇立论逻辑清晰，言简意赅； 2. 论点明晰，论据充足，分析透彻，引证有力； 3. 论据内容丰富，引用资料充分恰当、准确； 4. 分析的角度和层次具有说服力和逻辑性； 5. 语言表达流畅、有文采。	30分
	对辩辩驳	1. 表达清晰、论证合理而有力； 2. 回答问题精准、处理问题有技巧(攻、守、避合理)； 3. 推理过程合乎逻辑，事实引用得当； 4. 针对性强 ，有理有据。	40分
	攻辩小结	1. 全面归纳对方的矛盾与差错，并作系统的反驳和攻击； 2. 提问简明，击中要害； 3. 辩护有理有据及有力，说服力强。	20分
	自由辩论	1. 攻防转换有序，把握论辩主动权； 2. 针对对方的论点、论据进行有力反驳； 3. 坚守并能进一步巩固、扩大阵地。	60分
	回答提问	根据辩论队的整体形象，从整体配合、语言运用、临场反应(语言、风度、举止、表情)等方面评分。	20分
	总结陈词	全面总结本方的立场、论证，系统反驳对方的进攻，为本方辩护；语言表达具有说服力和逻辑性。	30分
	语言风度	1. 用词得当、流畅； 2. 语调抑扬顿挫、语速适中； 3. 表达清晰、层次清楚，逻辑严密。	50分
	团队配合及临场反应	根据辩论队的整体形象，从辩风、整体配合、语言运用、临场反应(语言、风度、举止、表情)等方面评分；有团队精神，相互支持；论辩衔接流畅；反应敏捷，应对能力强；问答形成一个有机整体，有效地打击对方。	50分

5. 填写评分表

团队名称	一辩得分	二辩得分	三辩得分	四辩得分	团体平均分	总分	测评员

养成活动八　恋爱责任行为担当

流程一　按下表填写恋爱责任状

×××在宁波城市职业技术学院学习期间恋爱责任状

责任方(学生个人)：
指导方(辅导员)：
监督方(同班同学)：
监管方(学院领导)：

为打造爱心校园、平安校园，使每一个学生在相互关爱中成长，安全健康地成长，签订本责任状。

一、责任方职责行为目标与要求

1. 彼此忠诚责任行为目标与要求；
2. 坦诚相待责任行为目标与要求；
3. 共同发展责任行为目标与要求；
4. 彼此宽容责任行为目标与要求；
5. 关爱对方责任行为目标与要求；
6. 健康高雅责任行为目标与要求。

二、指导方职责行为目标与要求

1. 彼此忠诚责任行为指导目标与要求；
2. 坦诚相待责任行为指导目标与要求；
3. 共同发展责任行为指导目标与要求；
4. 彼此宽容责任行为指导目标与要求；
5. 关爱对方责任行为指导目标与要求；
6. 健康高雅责任行为指导目标与要求。

三、监督方职责行为目标与要求

1. 彼此忠诚责任行为监督目标与要求；
2. 坦诚相待责任行为监督目标与要求；
3. 共同发展责任行为监督目标与要求；
4. 彼此宽容责任行为监督目标与要求；
5. 关爱对方责任行为监督目标与要求；
6. 健康高雅责任行为监督目标与要求。

四、监管方职责

1. 恋爱责任监管奖惩办法；

2. 恋爱责任监管实施办法。

五、附则：

本责任状双方签字后生效，执行日期自××年××月××日至××年××月××日。

责任方签字：

指导方签字：

监护方签字：

监督方签字：

监管方签字：

流程二　恋爱责任状签字仪式

流程三　组长主持小组内交流恋爱责任状

流程四　恋爱责任状评分

学习路径提示：

先通过抽签确定交叉评分对象，然后交叉评分，再填写成绩表。

评分项目	分值	得分	等级	评语	评分人
主题的明确性	15				
结构的完整性	30				
内容的正确性	10				
内容的丰富性	30				
语言运用水平	15				

养成活动九　恋爱责任能力训练

流程一　恋爱责任能力训练团队组建

学习路径提示：

1. 各养成团队按下表分工，确定团队成员项目任务：

团队名称				
岗位	姓名	职业特长	职责职能	工作任务
训练助理				
知识认知训练员				
行动认知训练员				
态度表现训练员				
问题解决训练员				
训练管理员				
文字编辑员				
美术编辑员				

流程二 编写训练手册

学习路径提示：

1. 按团队分工编写训练手册。
2. 团队内部交流修改训练手册。
3. 文字编辑、美术编辑编辑《恋爱责任能力训练手册》。

《恋爱责任能力训练手册》提纲：

封面设计

前言

目录

第一章 彼此忠诚责任能力训练

第一节 知识认知训练

训练流程一：明确训练目标

训练流程二：分解训练任务

训练流程三：完成训练准备

训练流程四：实施训练实操

训练流程五：训练效果评估

第二节 行动认知训练

训练流程一：明确训练目标

训练流程二：分解训练任务

训练流程三：完成训练准备

训练流程四：实施训练实操

训练流程五：训练效果评估

第三节 态度表现训练

流程三 训练手册编写质量评比

学习路径提示:先通过抽签确定交叉评分对象,然后交叉评分,再填写成绩表。

评分项目	分值	得分	等级	评语	评分人
封面设计水平	10				
内容的完整性	30				
内容的正确性	30				
内容的艺术性	10				
文字编辑水平	10				
美术编辑水平	10				

流程四　恋爱责任能力训练

学习路径提示：按训练手册，借助网络学习资源平台训练。

流程五　恋爱责任能力测评

学习路径提示：先通过抽签确定交叉评分对象，然后交叉评分，再填写成绩表。

评分项目	分值	得分	等级	评语	评分人
彼此忠诚能力	15				
坦诚相待能力	15				
彼此宽容能力	15				
共同进步能力	15				
相互维护能力	15				
健康高雅能力	15				

养成活动十　恋爱责任主题实践

流程一　按下列要求确定团队负责人

1. 平时能积极参与学校(学院)的社会实践活动；
2. 遵章守纪，在校期间无任何违法乱纪记录，成绩优良；
3. 有较好的组织领导能力，善于与人沟通。

流程二 按以下要求组团

1. 团队成员数为 6 人；

2. 选取爱心奉献、人身安全、饮食安全、心理健康、身体健康一个方面，确定实践主题；

3. 向学院申报，经审批确认为恋爱责任文化实践团队后方可进行相关实践活动；

4. 上交团队项目申报表，附活动策划书、安全预案和实践单位或个人接待回执；

5. 按队长、组织策划、外联、媒体联系、项目宣传、拍摄记录、博客发帖、财务管理、生活管理、安全管理等角色进行分工。

流程三 按以下要求聘请指导老师

1. 在辅导员、班主任、专业老师等在职老师中聘请。

2. 指导老师应承诺对实践团队的选题、组织、实践成果整理完成等方面进行指导，关心学生在实践过程中的安全状况。

流程四 按以下要求撰写实践方案

1. 实践主题定位；
2. 实践对象选择；
3. 实践目标确定；
4. 实践项目设计；
5. 实践团队分工；
6. 实践行程安排；
7. 团队设备配置与管理；
8. 团队财务预算与管理；
9. 团队生活安排与管理；
10. 团队安全预案与管理；
11. 赞助商与奖品管理。

流程五 组织实践能力培训活动，做好实践前的各项准备工作

1. 根据实践主题进行角色分工；
2. 明确每个角色应具备的知识、技能和态度；
3. 通过角色扮演进行能力演练。

流程六 团队安全培训

1. 财产和恋爱安全教育；
2. 明确不可抗力突发事件应对措施；
3. 通过角色扮演进行安全应对演练。

流程七 团队宣传

1. 联系相关媒体；
2. 挖掘新闻材料，反映实践成果；
3. 将宣传稿及相关媒体报道情况反馈学校。

流程八 了解实践报告的结构

1. 题目：简洁明了，通过精练的语言把实践活动的内容和特点明确概括出来。字数要适当，不宜超过 20 个字。可以设副标题。

2. 学院及作者名称：在论文题目下方注明，学院名称应用全称。

3. 摘要：摘要概括地实践活动中得到的基本观点、实践方法、取得的成果和结论，字数以 200 字左右为宜，包括：摘要正文和关键词。

4. 正文：包括实践活动的目的意义、相关背景、时间、地点、人员、调查手段，以及对实践活动中得到的结论的详细叙述。要有新观点、新思路；坚持理论联系实际，对实际工作有指导作用和借鉴作用，能提出建设性的意见和建议；报告内容观点鲜明，重点突出，结构合理，条理清晰，文字通畅、精炼。字数一般控制在 8000 字左右。

5. 参考文献：反映调查报告的取材来源、材料的广博程度和材料的可靠程度。

6. 附录：某些不宜放在正文中，但又具有参考价值的内容，可以编入附录中。

流程九 主题实践活动实操

学习路径提示：

1. 在组长主持下按分工实施主题实践活动。
2. 项目助理做好每个活动环节的观测记录。

流程十 团队成员撰写主题实践活动总结

学习路径提示：

1. 回顾完成分管工作的过程和体会。
2. 团队成员帮助完善实践活动回顾。

3. 整理回顾活动材料撰写个人总结。

流程十一　项目组长按下列要求撰写实践报告

1. 通过回答为什么写实践报告,思考并用简洁的文字概括报告主题。

2. 围绕主题收集资料:通过实地调查、社会实践或实习等渠道获得;从校内外图书馆、资料室已有的资料中查找。

3. 拟订提纲:根据调查报告主题的需要拟订结构框架和体系。在起草论文提纲后,可请指导教师审阅修改。

4. 起草:在起草时应尽量做到纲举目张、顺理成章、详略得当、井然有序。

5. 修改、定稿:改正草稿中的缺点或错误,在反复推敲修改后,才能定稿。

流程十二　主题实践报告评分

学习路径提示:

1. 学习实践活动考核标准。

责任文化素质养成实践活动考评表

内容标准				评价标准		等级标准		
序	项目	考评材料	考评内容	分值	主要观测点	初级	中级	高级
	选题与设计	开题报告	主题贴近度	2	问题贴近度 目标贴近度 任务贴近度	5	7	9
			发展贴近度	2	挑战性 自主性 才能发挥			
			个性贴近度	2	个人兴趣贴近度 个人性格贴近度 个人特长贴近度			
			能力覆盖面	2	知识覆盖面 能力覆盖面			
			设计水平	2	内容完整性 形式逻辑性 文本规范性			
	素质水平	素质观测	责任认知	4	明确责任目标 明确责任路径	5	7	9
			责任能力	3	运用责任行动方法 责任行动效果明显			
			责任态度	3	积极主动 认真细致 坚持经常			

续 表

内容标准				评价标准		等级标准		
序	项目	考评材料	考评内容	分值	主要观测点	初级	中级	高级
	执行过程与方法	行动计划	思路创意过程与方法	15	思路创意建构的组织形式、操作活动、方法技巧	20	28	36
		实践活动总结	组织实施过程与方法	10	组织实施方案制订的组织形式、操作活动、方法技巧			
		实施过程观测	能力形成过程与方法	15	能力表现形式、活动执行、方法技巧			
	成果与效益	实践活动报告	质量	10	科学性体现 创新性体现 实用性体现	15	21	27
	成果与效益	实践活动报告	数量	10	工作量数量 独立完成情况 合作完成情况			
			价值	10	促进就业价值 职业发展价值 个性发展价值			
	答辩与表现	答辩陈述 答辩记录	答案正确性	4	要素完整状况 符合规律状况 逻辑性状况			
			表达清晰度	3	语句流畅性状况 用词准确性状况 层次清晰度状况	5	7	9
			内容深浅度	3	符合要求状况 达到水准状况 富有创意状况			

2. 各组推荐质检员组成班级考核小组。

3. 指导教师宣布汇报顺序。

4. 考核组长主持汇报和考核。

5. 各团队按次序汇报。

6. 评委逐个亮分，项目助理统计分数并填写积分表。

项目团队	评分项目	成绩	等级	评分依据
项目组长姓名	选题与设计 能力水平 执行过程与方法 成果与效益 答辩与表现			

续 表

项目团队	评分项目	成绩	等级	评分依据
项目助理姓名	选题与设计 能力水平 执行过程与方法 成果与效益 答辩与表现			
团队成员姓名	选题与设计 能力水平 执行过程与方法 成果与效益 答辩与表现			
团队成员姓名	选题与设计 能力水平 执行过程与方法 成果与效益 答辩与表现			
团队成员姓名	选题与设计 能力水平 执行过程与方法 成果与效益 答辩与表现			
团队成员姓名	选题与设计 能力水平 执行过程与方法 成果与效益 答辩与表现			
团队成绩		团队等级		评分依据：
优化建议				

评分人签字： 测评组长签字：

附件：单元计分表

项目团队	评分项目	单项分数							总分
	团队组建	一号	二号	三号	四号	五号	六号		
	活动策划								
	责任认知								
	责任调研								
	责任反思								
	责任担当								
	责任辩论								
	责任训练								
	责任实践								

续　表

项目团队	评分项目	单项分数							总分
	团队组建								
	活动策划								
	责任认知								
	责任调研								
	责任反思								
	责任担当								
	责任辩论								
	责任训练								
	责任实践								
	团队组建								
	活动策划								
	责任认知								
	责任调研								
	责任反思								
	责任担当								
	责任辩论								
	责任训练								
	责任实践								
	团队组建								
	活动策划								
	责任认知								
	责任调研								
	责任反思								
	责任担当								
	责任辩论								
	责任训练								
	责任实践								

续 表

项目团队	评分项目	单项分数							总分
	团队组建								
	活动策划								
	责任认知								
	责任调研								
	责任反思								
	责任担当								
	责任辩论								
	责任训练								
	责任实践								
	团队组建								
	活动策划								
	责任认知								
	责任调研								
	责任反思								
	责任担当								
	责任辩论								
	责任训练								
	责任实践								
	团队组建								
	活动策划								
	责任认知								
	责任调研								
	责任反思								
	责任担当								
	责任辩论								
	责任训练								
	责任实践								
个人总成绩									
团队总成绩									

第十单元
公共责任文化素质联赛

流程一 竞赛准备

学习路径提示：

学习竞赛实施方案

公共责任文化素质竞赛实施方案

一、指导思想：以《教育规划纲要》“以人为本，推进素质教育战略”主题为指导，以掌握公共责任文化知识，提高公共责任能力、提升公共责任文化素质为目标，创新学生喜闻乐见的责任文化素质教育方式。

二、竞赛内容：公共责任文化知识、公共责任能力、公共责任文化素养。

三、竞赛步骤：定于2012年3月份开始，分三个工作阶段进行。

1. 学习部署阶段（3月1日）：各班级做好动员，组织全体同学学习公共责任文化知识、实施公共责任能力训练，熟悉竞赛规则。具体范围：《公共责任文化素质知识与案例手册》、《公共责任能力训练手册》。

2. 笔试答题阶段（3月25日）：统一闭卷答题，考试结束后，评价组同学对试卷评分，排定名次。

3. 现场答题阶段（3月26日）：分淘汰赛和决赛。淘汰赛每个班级一场，班级前两名进入年级决赛，按得分高低赛出一等奖1名、二等奖2名、三等奖3名，计入责任文化素质教育总分。

4. 演讲比赛阶段（3月27日）：分淘汰赛和决赛。淘汰赛每个班级一场，班级前两名进入年级决赛，按得分高低赛出一等奖1名、二等奖2名、三等奖3名，计入责任文化素质教育总分。

5. 实操竞赛阶段(3 月 27 日):分淘汰赛和决赛。淘汰赛每个班级一场,班级前两名进入年级决赛,按得分高低赛出一等奖 1 名、二等奖 2 名、三等奖 3 名,计入责任文化素质教育总分。

四、参赛办法:每团队 6 人,团队组长 1 人,助理 1 人,成员 3 人。笔试答题、现场答题、演讲比赛先记个人成绩,然后将个人成绩计入团队成绩;实操竞赛先计团体成绩,个人成绩为团队平均成绩。

五、评分标准:评分采用 100 分制,可高于 100 分,具体分配如下:

项目	笔试答题	现场答题	演讲比赛	实操竞赛
要求	能正确回答相关知识。	能正确解决相关问题。	内容:选自主题实践行动,紧扣主题,条理清晰,思想积极向上,有真情实感。表达:脱稿,普通话标准,口齿清楚,生动流畅,富有感染力,时间运用恰当。态势:仪表服饰整洁,面部表情自然得体,动作手势恰当。	设计:内容紧扣主题,思想积极向上,情节真实可信,较为紧凑,时间运用得当。 表演:语言简洁流畅,行动自然得体,注意相互配合。
分值	25	25	25	25

六、评分办法

1. 笔试答题按卷面成绩,根据比例计算。

2. 现场答题分必答题和抢答题两个部分,按实际得分根据比例计算。

3. 演讲比赛将名次折算为分数按比例计算。

4. 实操竞赛将团体名次折算为平均分按比例计算。

七、组织领导

1. 成立竞赛活动领导小组,党委班主任任组长,团支部书记、班长任副组长,班委会成员、团支部成员为成员,加强对竞赛活动的领导和负责组织工作。

2. 知识学习。

3. 问题解答。

4. 演讲训练

5. 实操排练。

流程二 竞赛实施

学习路径提示:

1. 班赛。

2. 年级赛。

3. 操作:班主任主持竞赛,按笔试答题、现场答题、演讲比赛、实操竞赛次序进行。评委逐个亮分,项目助理统计分数并填写积分表。

附件:单元计分表

项目团队	评分项目	单项分数 成绩积分						总分
	笔试答题	一号	二号	三号	四号	五号	六号	
	现场答题							
	演讲比赛							
	实操竞赛							
	笔试答题							
	现场答题							
	演讲比赛							
	实操竞赛							
	笔试答题							
	现场答题							
	演讲比赛							
	实操竞赛							
	笔试答题							
	现场答题							
	演讲比赛							
	实操竞赛							
	笔试答题							
	现场答题							
	演讲比赛							
	实操竞赛							
	笔试答题							
	现场答题							
	演讲比赛							
	实操竞赛							
个人总成绩								
团队总成绩								

评分人签字:　　　　　　　　　　　　　　　　　　评估组长签字:

附件:总成绩计分表

专业：　　班级：　　学号：

姓名	考核项目	单元考核分	权重	权重分
	生命责任文化素质单元		15	
	社会责任文化素质单元		15	
	集体责任文化素质单元		10	
	家庭责任文化素质单元		10	
	同学责任文化素质单元		10	
	学习责任文化素质单元		10	
	环境责任文化素质单元		10	
	校园责任文化素质单元		10	
	恋爱责任文化素质单元		10	
总分		等级		
姓名	考核项目	单元考核分	权重	权重分
	生命责任文化素质单元		15	
	社会责任文化素质单元		15	
	集体责任文化素质单元		10	
	家庭责任文化素质单元		10	
	同学责任文化素质单元		10	
	学习责任文化素质单元		10	
	环境责任文化素质单元		10	
	校园责任文化素质单元		10	
	恋爱责任文化素质单元		10	
总分		等级		
姓名	考核项目	单元考核分	权重	权重分
	生命责任文化素质单元		15	
	社会责任文化素质单元		15	
	集体责任文化素质单元		10	
	家庭责任文化素质单元		10	
	同学责任文化素质单元		10	
	学习责任文化素质单元		10	
	环境责任文化素质单元		10	
	校园责任文化素质单元		10	
	恋爱责任文化素质单元		10	

续 表

总分		等级		
姓名	考核项目	单元考核分	权重	权重分
	生命责任文化素质单元		15	
	社会责任文化素质单元		15	
	集体责任文化素质单元		10	
	家庭责任文化素质单元		10	
	同学责任文化素质单元		10	
	学习责任文化素质单元		10	
	环境责任文化素质单元		10	
	校园责任文化素质单元		10	
	恋爱责任文化素质单元		10	
总分		等级		

编后记

宁波城市职业技术学院的责任文化素质教育工作，由认知到行动，由设计到实施，目前已经历了三个阶段：

第一阶段：剖析问题，战略决策。学校党委李维维书记在2007年毕业生就业与培养质量调研中发现，影响学生学习、就业与职业发展的首要因素，并不是专业知识和职业技能水平，而是责任感、诚信品质、沟通交流、与人合作能力、学习能力等素质；许多学生由于缺乏生命责任、家庭责任和社会责任感不爱学习；许多学生因为缺乏诚信品质动辄"跳槽"被企业拒之门外，许多学生因为缺乏沟通交流、与人合作能力难以适应工作，而职业院校对这些素质的教育却相对薄弱和欠缺。为此，学校党委提出把责任文化作为统领全校各项工作的核心价值，把职业素质作为人才培养的第一质量。

第二阶段：科研引领，顶层设计。2007年以来，学校通过理论研究和实验试点探索，建立了以责任文化为统领，公共素质教育为基础，职业素质教育为重心的责任文化素质教育体系，初步形成了责任文化素质知识体系、责任文化素质教育行动体系，制订了责任文化品牌培育行动计划、社会化与职场制培养体制，开发了这套集基础训练、日常养成、专业应用、职场应用和竞赛测评于一体的责任文化素质教育课程教材。

第三阶段：体制创新，提供保障。基于素质教育全面全员全程化特征，结合职业教育的职业性与实践性特征，学校建立了党政统筹领导，教学管理、学生管理和学生社团三个系统组织实施的责任文化素质教育工作机制；建立了以责任行为活动为载体，以社会化和职场制为组织形式，以行动体验为培养方式，基础训练、日常养成、专业应用、职场应用、竞赛测评相结合的培养体系。下一步这项工作要进入试点实验，典型培育阶段和全面推广，持续发展阶段。

责任文化素质教育工作，是一项涉及行政管理、教学管理、科研管理、后勤管理、学生管理、学生社团各个方面的全局性工作，依靠条块分割的科层式管理体制和运行机制难以实施，必须创新一个党政统筹协调，党政群团教协同实施的扁平化组织机构，形成一个网络化教育与管理体系，才能有效组织实施。工作方式主要有党政统一领导，构建两级全员育人体系；坚持科研引领，理论实践联动循环提升；强化学校与企业、学校与社会、课堂教学与学生管理、导员与专业教师四大联动。

我校责任文化统领的素质教育工作取得了一些成绩，但是按照办人民满意的职业教育的要求，面临的工作任务依然十分繁重和艰巨。十二五期间，我校力争建成一个职业院校素质教育特色鲜明的责任文化管理和责任文化育人体系。

一是继承优秀传统文化，对接先进工业文化，开发技术技能文化，以“责任”为核心凝练和塑造全校共同价值观和共同愿景。

二是学习现代企业制度文化，改革院校制度文化，规范和平衡学校行政权力和学术权力，逐步把学术范围内的决策权和资源配置权交给学校校务委员会、学术委员会、专业委员会、督导委员会等学术部门，把办学自主权交给二级学院，把专业发展权交给专业负责人和带头人，把教学自主权交给教师，把学习自主权交给学生。

三是学习优秀职业行为文化，优化院校行为文化，努力使教职工、学生行为体现合格劳动者行为规范、合格企业法人行为规范。

四是融合校企环境文化，建设具有职业院校特色的校园环境、建筑风格、室外装饰、办公室布局、教室格局。我们坚信在《教育规划纲要》坚持以人为本，全面实施素质教育战略主题指引下，学校党委制订的“责任文化引领，立德树人为先”这个强校战略举措，一定能够在我校落地生根，枝繁叶茂，荫庇泽被广大教职工和学生成长、成人、成才；责任文化一定能够为我校科学发展、持续健康发展提供不竭的强大动力。

本教材为2010年浙江省教育科学规划重点课题《高职责任文化品牌培育实践研究》(SB135)研究成果。项目创意策划为宁波城市职业技术学院党委书记李维维，项目主持人为宁波城市职业技术学院党委副书记俞立军，项目执行人为宁波城市职业技术学院高职教育研究中心主任王孝坤教授。

宁波城市职业技术学院参加课程开发与教改实验工作的中层领导与教师有：刘玲、沈海东、林辉、沈萍、童雪央、方黛春、李晓光、刘文霞、吴立威、励建国、周秋江、叶绿美、颜正恕、林海燕、李佳芳、张文静、文昊、简明、孙晓庆、孙永业、沈陈敏、胡建新、吴勇、徐盛栋的、谢秀琼、汪照均、邱宝荣、谈秀丽、张丹萍等。

浙江万里学院商学院参加课程开发与教改实验工作的领导与教师有：阎国庆、孙琪、于佳根等。

浙江工商职业技术学院参加课程开发与教改实验工作的领导与教师有：徐永春、朱亚萍等。

浙江商业职业技术学院参加课程开发与教改实验工作的领导与教师有：张宝忠、吕杰林、王勇等。

宁波大红鹰学院高职学院参加课程开发与教改实验工作的领导与教师有：宣睽睽、黎红、富赋等。

宁波卫生职业技术学院参加课程开发与教改实验工作的领导与教师有：朱新琪、李爱夏、曹磊、查正权、李卫东等。

浙江大学出版社杜希武老师在教材编辑出版和发行中给予了大力支持和帮助，在此代表课题组表示感谢。

编　者

2012 年 3 月